Janina Klose, Magdalena Meißner, Laura Beyeler,
Luisa Stuhr, Melanie Jaeger-Erben

Reparaturbildung gestalten

Erfahrungsberichte & Anregungen für Lehrende

Diese Publikation wurde aus dem Open-Access-Publikationsfonds der Technischen Universität Berlin unterstützt.

2023 wbv Publikation
ein Geschäftsbereich der
wbv Media GmbH & Co. KG, Bielefeld

Gesamtherstellung:
wbv Media GmbH & Co. KG, Bielefeld
wbv.de

Umschlagfoto: © istock.com/South_agency

Satz: publish4you, Roßleben-Wiehe
Illustration Teil 1: Julia Kluge, Leipzig
Illustration Teil 2: Janina Klose, Berlin

Bestell-Nr. I76133
ISBN (Print): 9783763976133
ISBN (E-Book): 9783763976140
DOI: 10.3278/9783763976140

Printed in Germany

Bibliografische Information der Deutschen Nationalbibliothek
Die Deutsche Nationalbibliothek verzeichnet diese Publikation in der Deutschen Nationalbibliografie; detaillierte bibliografische Daten sind im Internet über http://dnb.d-nb.de abrufbar.

INHALTSVERZEICHNIS

Prolog: Das Forschungsprojekt CaReSo 4

TEIL 1: REPARIEREN

Was ist reparieren? Viel mehr, als mensch denkt! 8

Welche Rolle spielt Reparieren für den Alltag und die Gesellschaft? 11

Dimensionen des Lernens beim Reparieren 19

TEIL 2: REPARIEREN & SCHULE

Die vollständige Handlung der Reparatur 28

Reparaturbildung im Regelunterricht 36

Eine eigene Reparaturwerkstatt 40

Für einen Lehransatz entschieden 46

Fahrrad 56

Rund um Haus und Hof 62

Elektronik 66

230-V-Geräte 72

Smartphones 78

Sicherheit 88

Links & Tipps 92

Weiterführende Literatur 95

Abbildungsverzeichnis 97

DAS FORSCHUNGSPROJEKT CARESO

Das Forschungsprojekt CaReSo wurde vom Fachgebiet »Arbeit/Technik und Partizipation« der Technischen Universität Berlin und dem Fachgebiet »Technik- und Umweltsoziologie« der Brandenburgischen Technischen Universität durchgeführt. Unter dem Titel »Care & Repair – Förderung der Fürsorge für Gegenstände als neue Form der Verantwortungsübernahme und globalen Solidarität« wurde im Zeitraum von Juni 2021 bis Juni 2023 das Potenzial des gemeinschaftlichen Reparierens von Konsumgegenständen im Rahmen von Reparaturinitiativen als Form der Übernahme der Verantwortung für nachhaltige Entwicklung und für die Entstehung einer neuen globalen Solidarität untersucht. Dafür haben wir zwei Ansätze fruchtbar gemacht:

1. Im Rahmen von zwei Realexperimenten mit Beteiligung von Bürger*innen *wurden Lernprozesse im Sinne des transformativen Lernens* untersucht. Hierfür wurden narrativ-biografische Interviews zu Beginn und Reflexionsgespräche zum Abschluss der Realexperimente durchgeführt. Das Herz der Realexperimente bestand aus eigenständigen Besuchen von Repair-Cafés und der Reparatur von mitgebrachten Gegenständen der Teilnehmer*innen. Die Reparaturprozesse wurden im Nachhinein reflektiert und in Form von Forschungstagebüchern festgehalten. Weiterhin wurde hierbei untersucht, welche Herausforderungen und Gelingensbedingungen sich im Rahmen des gemeinschaftlichen Reparierens identifizieren lassen.

2. Es wurde in Interviews, Gruppendiskussionen und Feldbeobachtungen das *intrinsische Design von Lehrenden für eine Implementierung von aktiven Reparaturen an ihrer Schule* betrachtet. Lehrende sind dabei nicht immer ausgebildete Lehrkräfte oder als Lehrkräfte arbeitende Quereinsteiger*innen, sondern auch Sozialarbeiter*innen, Reparaturfachkräfte, Studierende, Eltern oder sogar Schüler*innen. Mit »Lehrende« sind all jene Menschen gemeint, die mit Schüler*innen an allgemeinbildenden Schulen aktiv und mit Bildungsanspruch reparieren. Mehr als 40 Lehrende aus ganz Deutschland, die meisten davon aus Berlin, haben an dem Projekt in unterschiedlicher Intensität teilgenommen.

Die folgenden Texte wurden auf der Grundlage der Forschungsergebnisse verfasst. *Bei den grün markierten Zitaten handelt es sich immer um Zitate von Lehrenden.* Wörtliche Zitate wurden einer grammatikalischen Korrektur unterzogen, um die Lesbarkeit zu verbessern und die gendergerechte Schreibweise zu vereinheitlichen.

Wir bedanken uns herzlich bei den Lehrenden und den Teilnehmenden der Realexperimente für ihr Engagement, ihre Offenheit und Gesprächsbereitschaft. Denjenigen Lehrenden, die bereit waren, Janina Klose in ihre Werkstatt und auf ihre kontinuierliche Gestaltungsreise mitzunehmen, möchten wir ausdrücklich danken. Unser besonderer Dank gilt der Stiftung Pfefferwerk, insbesondere Margitta Haertel und Anna Theil, für die unermüdliche Unterstützung der Lehrenden und des Forschungsprojekts und dafür, dass sie das Thema immer weiter in die Öffentlichkeit getragen haben. Unser Dank gilt auch der anstiftung, die mit ihrer Vernetzungsarbeit für Reparaturinitiativen bundesweit einen wichtigen Beitrag auch für die Reparaturbildung an Schulen leistet. Wir danken auch Walter Kraus und Claudia Munz, die mit ihrem Praxisleitfaden und ihrer Beratung vielen anderen Lehrkräften Mut für eigene Projekte machen, der Gesellschaft für Arbeit, Technik und Wirtschaft im Unterricht e. V. (GATWU) sowie Harri Funk, Referent für Klimabildung und Bildung für nachhaltige Entwicklung in der Berliner Schule, und dem WAT-Regionalkoordinator Martin Bücker-Gärtner für die Verbreitung unter den (Arbeitslehre-)Lehrkräften und den fachlichen Austausch. Außerdem danken wir der Nachwuchsforschungsgruppe »Obsoleszenz als Herausforderung für Nachhaltigkeit – Ursachen und Alternativen« (OHA), deren Forschungsergebnisse und Erfahrungsberichte aus der Onlinekampagne zum Thema »Lang Lebe Technik« für diese Broschüre bereitgestellt wurden und Christoph Wolter (IBBF) und Martin Schenk (TUB) für das Teilen ihrer Ergebnisse zur Shiftphone Reparatur aus dem Projekt Circle 21.

Die Förderung des Vorhabens erfolgte aus Mitteln des Bundesministeriums für Umwelt, Naturschutz, nukleare Sicherheit und Verbraucherschutz (BMUV) aufgrund eines Beschlusses des deutschen Bundestages. Die Projektträgerschaft erfolgte über die Bundesanstalt für Landwirtschaft und Ernährung (BLE) im Rahmen des Programms zur Innovationsförderung.

TEIL 1
REPARIEREN

WAS IST REPARIEREN? VIEL MEHR, ALS MENSCH DENKT!

Wovon ist eigentlich die Rede, wenn von der Praxis des Reparierens gesprochen wird? In welchen Kontexten wird darüber diskutiert? Welche gesellschaftliche Relevanz hat das Phänomen? Dies sind die Fragen, die sich sofort aufdrängen, wenn mensch sich mit dem Reparieren beschäftigt.

Die Bedeutung der Reparatur hat sich im Laufe der Zeit verändert. Reparieren hatte bereits in den vorindustriellen Gesellschaften eine sehr große Bedeutung. Reparieren und Instandhalten waren normale Teile des Alltags und oftmals alternativlos, denn es war kein Ersatz verfügbar. Doch auch wenn Reparieren in nahezu jedem Haushalt in allen gesellschaftlichen Schichten normal war, wurden Reparaturarbeiten unterschiedlich verteilt. So waren Frauen oftmals eher für die Handarbeiten im Haushalt zuständig, während Männer im öffentlichen Raum, in Handwerksberufen oder anderen Dienstleistungen repariert haben.

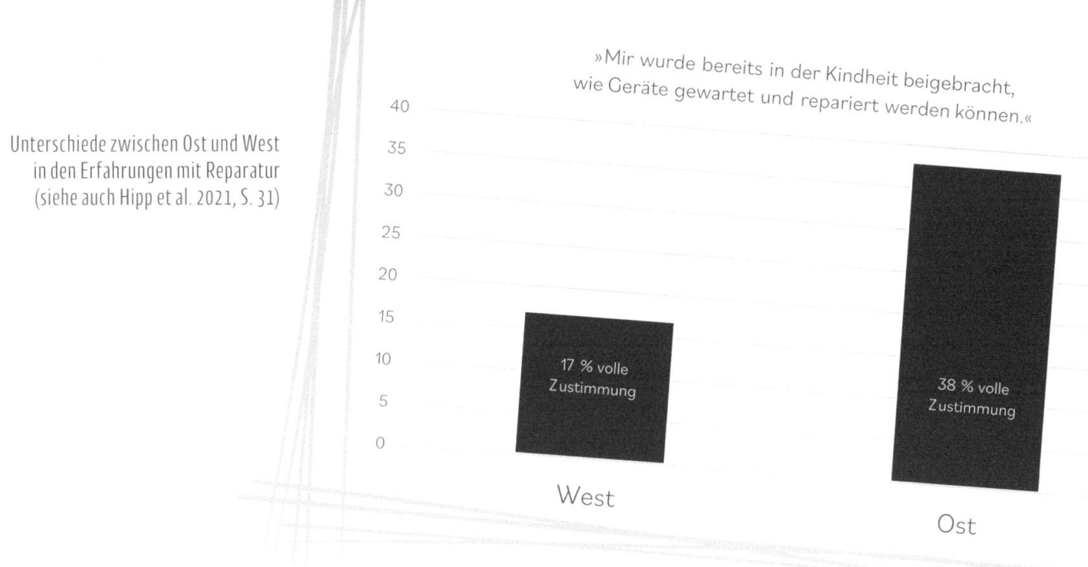

Unterschiede zwischen Ost und West in den Erfahrungen mit Reparatur (siehe auch Hipp et al. 2021, S. 31)

Die Industrielle Revolution ermöglichte ab der Mitte des 20. Jahrhunderts die Massenproduktion und damit die einfache Verfügbarkeit von günstigen Waren. Reparieren verschwand immer mehr aus dem Alltag, denn kaputte Gegenstände konnten einfacher ersetzt werden. Reparieren wurde zu einer Dienstleistung und Handwerksbetriebe machten das Reparieren zum Schwerpunkt ihrer Tätigkeiten: Weil Schuhe industriell schneller und günstiger hergestellt werden konnten, wurde aus dem Schuhmacher der Schuster.

Doch nicht überall wurde die Reparatur aus dem Alltag verdrängt: In Zeiten von Knappheit oder einer restriktiven Planwirtschaft sind Menschen eher darauf angewiesen, ihre Besitztümer zu pflegen und zu warten und im Bedarfsfall reparieren zu können. So haben Menschen, die in der DDR groß geworden sind, häufiger das Reparieren als Teil des Alltags erlebt. Dies zeigt beispielsweise eine Umfrage, die 2019 von der TU Berlin durchgeführt wurde: Der Aussage »Mir wurde bereits in der Kindheit beigebracht, wie Geräte gewartet und repariert werden können« stimmten 38 Prozent der Befragten aus den ostdeutschen Bundesländern zu, gegenüber 17 Prozent in den westdeutschen Bundesländern.

Industrielle Produktion und eine Steigerung des Wohlstands brachten es jedoch mit sich, dass Reparieren von der Notwendigkeit entweder zu einer (oftmals ungeliebten) Ausnahme oder einem Hobby von Heimwerker*innen wurde. Ökonomisch erscheint die Reparatur oftmals nicht lohnenswert, viele Menschen wollen auch die Zeit für die Recherche, die Anfahrt oder das Warten auf das reparierte Produkt nicht investieren.

Einen Funken Hoffnung brachte schließlich die Reparaturbewegung, die mit der Entstehung der ersten Reparaturinitiativen ins Rollen kam. Berühmt geworden ist das Stichting Repair-Café, das 2010 in Amsterdam gegründet wurde und das die Idee gemeinschaftlicher Reparatur in einer angenehmen Café-Atmosphäre zum ersten Mal ausprobiert und publik gemacht hat. Diese Idee hat seitdem viele Nachahmer*innen gefunden. Damit ist das alltägliche Reparieren aus dem häuslichen Umfeld in die Öffentlichkeit gebracht worden. Neben der pragmatischen Funktion der Reparatur zählen für die Menschen in Repair-Cafés auch der Umweltschutz und die Ressourcenschonung, das Leben von Gemeinschaftlichkeit und neue Erfahrungen zu den wichtigen Motiven.

Ob Repair-Cafés zu einer neuen »Kultur der Reparatur« – wie ein Buch von Wolfang Heckl beschreibt – führen, lässt sich nicht klar beantworten. Sicher ist aber: Sie sorgen für Sichtbarkeit und einen zugänglichen Ort, der das Reparieren aus der verstaubten Ecke der Geschichte holt.

auseinandernehmen
zusammenfügen
verändern
schaffen
konstruieren
scheitern
puzzeln
erkunden
trennen
lernen
kümmern
flicken
basteln
bohren
heilen
reparieren
transformieren
experimentieren
selbermachen
ausprobieren
wertschätzen
kleben
durchhalten

WELCHE ROLLE SPIELT REPARIEREN FÜR DEN ALLTAG UND DIE GESELLSCHAFT?

REPARIEREN IM ALLTAG

Reparieren ist nicht mehr Teil des Alltags - oder doch? Wer genau hinschaut, kann sehen, wie der Alltag doch voll von kleinen, schnellen und leisen Reparaturen ist.

Auch wenn größere Reparaturen – an einer defekten Waschmaschine, einem nicht mehr reagierenden Notebook oder einem Fernseher mit Wackelkontakt – oft nicht mehr zum normalen Alltag gehören, so finden alltäglich doch viele kleine Tätigkeiten statt, die mit Reparieren im Zusammenhang stehen. Da gibt es zum einen die sogenannten »Quick Fixes« – kleine, oft unbemerkte Tätigkeiten, die einen Gebrauchsgegenstand gerade mal so wieder gebrauchsfähig machen. Und es gibt jede Menge Handgriffe und Tätigkeiten, die einen ähnlichen Charakter haben wie Reparaturen: Warten, Flicken, Pflegen – ohne solche Praktiken würde der Alltag oft nicht funktionieren.

Ob es das Loch im Fahrradradreifen ist oder die durchgescheuerte Hose eines krabbelnden Kindes: Vielgenutzte Alltagsgegenstände geben häufiger den Geist auf oder werden lädiert. Die Notwendigkeit der Nutzung des kaputten Teils entscheidet oft über das Weitere. Für Sachen, die dringend gebraucht werden, findet mensch oft schneller eine Lösung als für Gegenstände, die nur gelegentlich genutzt werden oder auf deren Nutzung zeitweise oder komplett verzichtet werden kann.

Je dringender der Gegenstand gebraucht wird, desto eher versuchen sich Menschen erst mal so zu behelfen: Fahrradreifen oder Hosenflicken ist im Alltag oft nicht vermeidbar, der

kaputte Fernseher hingegen kann auch mal ein paar Tag ausbleiben. Kaputte Gegenstände, die nur selten gebraucht werden, finden sich oft in den Kellern, auf den Dachböden oder in einer ungenutzten Ecke wieder.

Abstellkammern werden dabei oft zu Sackgassen und so mancher Gegenstand wird dort einfach vergessen und durch ein neueres Modell ersetzt. Unsere Forschung hat gezeigt, dass Reparaturen oft lange aufgeschoben werden: »wenn ich mal wieder Zeit habe« oder »wenn ich endlich genug Werkzeug habe«. Gerade für aufwendigere Reparaturen, für die Gegenstände beispielsweise aufgeschraubt oder auseinandergenommen werden müssen, fühlen sich viele Menschen nicht ausgestattet.

In Anbetracht der Vielzahl an besessenen und alltäglich genutzten Dingen verbringen Menschen daher recht wenig Zeit mit ihrer Wartung, Pflege und Reparatur, nämlich durchschnittlich nur wenige Minuten am Tag. Gleichzeitig werden viele Produkte schwerer reparierbar, sei es durch steigende Komplexität oder Miniaturisierung – wie bei vielen Elektronikprodukten – oder durch schlechte Qualität und Verarbeitung – wie im Bereich Fast Fashion.

Reparieren trifft also auf viele Widerstände: persönliche, materielle und auch gesellschaftliche.

REPARIEREN IN DER GESELLSCHAFT

Reparieren ist nicht verschwunden, sondern vor allem unsichtbar gemacht worden. Das liegt an der gesellschaftlich wenig anerkannten Rolle von Eigenarbeit - aber auch an einer Wirtschaft, die vor allem am Verkauf neuer Dinge verdient.

In den letzten fast 15 Jahren hat die Reparaturbewegung – beispielsweise mit dem Netzwerk der Reparaturinitiativen und dem Runden Tisch Reparatur – in großem Maße dazu beigetragen, dass das Reparieren von Gebrauchsgegenständen und die damit zusammenhängenden Potenziale an Sichtbarkeit gewonnen haben. Doch von einer »Reparatur-Renaissance« ist die Gesellschaft noch weit entfernt. Gegenwärtig sind Wirtschaft und Handel zu stark auf den Verkauf von neuen Dingen ausgerichtet, viele Gebrauchsgegenstände werden nicht primär hergestellt, um lange zu halten, sondern um sich gut zu verkaufen. Wer es dann doch mit dem Reparieren versucht, stößt auf viele Barrieren: reparaturunfreundliches Design, fehlende Ersatzteile, Bedarf an Spezialwerkzeug oder der drohende Verlust der Gewährleistung. Und oftmals fehlt schlicht die Zeit neben der Erwerbsarbeit, der Sorgearbeit für andere Menschen, den sozialen Verpflichtungen.

Die Eigenarbeit wird in Industriegesellschaften wenig gefördert und wertgeschätzt, sie teilt das Schicksal der Pflege- und Sorgearbeit: Sie sind ge-

sellschaftlich wenig sichtbar, schlecht oder gar nicht bezahlt, werden in Förderprogrammen oft vergessen und sind doch ein Grundpfeiler für das Funktionieren einer Gesellschaft.

Die Wiedergeburt einer Kultur der Reparatur – und damit auch der gesellschaftlichen Anerkennung von Tätigkeiten des Pflegens, Wartens und Instandhaltens – braucht nicht nur die sozialen Bewegungen, sondern auch politische Aufmerksamkeit und Förderung. So kann sie auch Teil einer nachhaltigeren Wirtschaft werden.

REPARIEREN ALS TEIL EINER NACHHALTIGEN WIRTSCHAFT

Die zirkuläre Wirtschaft oder Kreislaufwirtschaft gilt in der Politik als Lösung vieler Umwelt- und Ressourcenprobleme. Die Stärkung von Reparatur ist hierfür zentral.

In einer linearen Wirtschaft beziehen Unternehmen die Ressourcen, die sie brauchen, aus der Natur. Sie transformieren sie in Produkte, die sie für einen Gewinn auf dem Markt verkaufen. Produkte werden verbraucht, konsumiert, bis sie für die Konsument*innen nicht mehr gebraucht oder geschätzt werden oder bis die Produkte nicht mehr einwandfrei funktionieren. Die Produkte und ihre Bestandteile werden Abfall. Sie werden entsorgt, in Müllverbrennungsanlagen verbrannt oder einzelne wertvolle Materialien werden rezykliert. Eine lineare Wirtschaft achtet wenig auf die Langlebigkeit von Produkten, da es für Unternehmen rentabel ist, wenn Konsument*innen stetig neue Güter kaufen.

Anders läuft es in einer zirkulären nachhaltigen Wirtschaft. Eine zirkuläre Wirtschaft entsteht, wenn die Ressourcen und Materialien nach dem Konsum nicht als Abfall entsorgt werden, sondern weiterhin gebraucht und verwendet werden. Wenn ein Produkt von einer Person nicht mehr gebraucht wird, versucht die Kreislaufwirtschaft, die Produkte oder die Bestandteile des Produkts wiederzuverwenden. Ein altes, funktionierendes Handy kann zum Beispiel in zweiter Hand von einer neuen Person gekauft und benutzt werden. Falls die Gegenstände kaputt sind, bietet eine zirkuläre Wirtschaft im Idealfall viele Möglichkeiten, um das Produkt zu reparieren. In einer zirkulären Wirtschaft werden Produkte reparaturfähig gestaltet, was die Reparatur für alle einfacher und zugänglicher macht. Einfach zugängliche Dienstleistungen für die Reparatur von Produkten sollten ein elementarer Bestandteil sein und die Kosten für Reparatur sollten günstiger als der Kauf von Neupro-

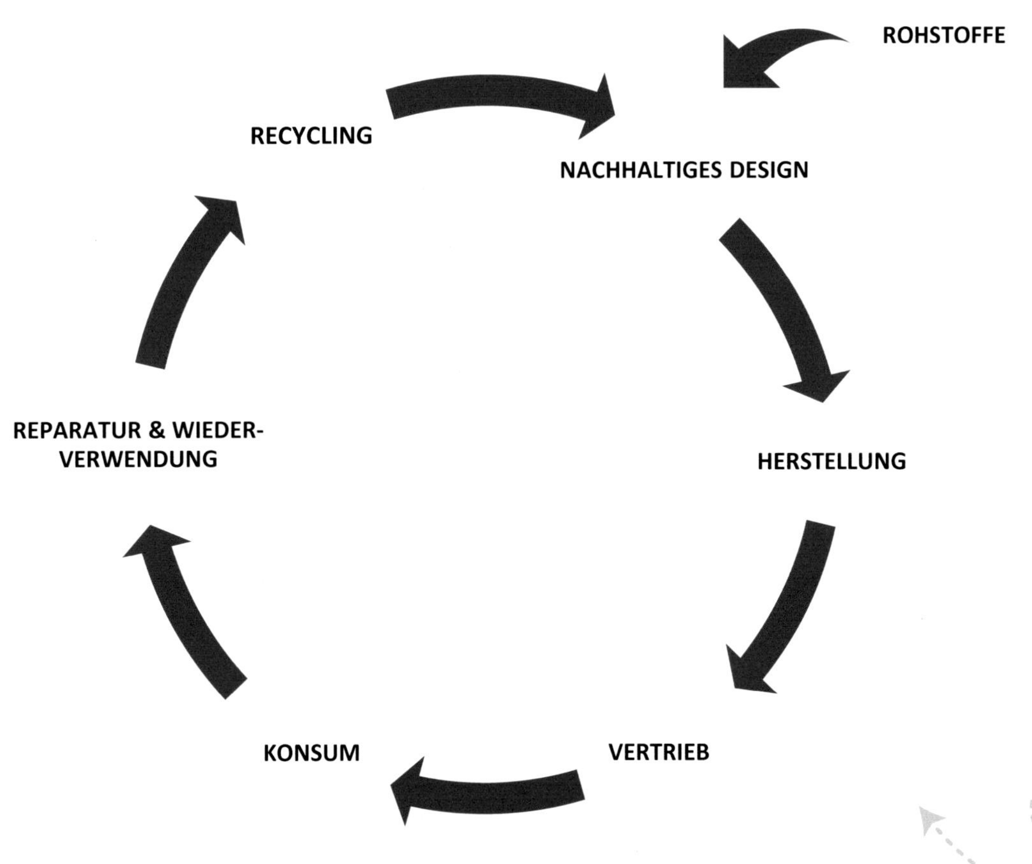

dukten sein. Ergänzt wird der professionelle Reparatursektor durch private oder gemeinschaftliche Reparaturen, denn die Forschung zeigt: Wer selbst repariert, lässt auch mehr reparieren.

> Daraus resultieren ganz praktische Vorteile: Ich spare Geld, weil ich einfache technische Probleme selbst lösen kann. […] Bei komplizierteren Problemen sorge ich dann vielleicht dafür, dass jemand anderes die Reparatur erledigt. Wir sind auch in der Lage, bessere Kaufentscheidungen zu treffen. Denn wenn ich einmal weiß, wie ein Staubsauger grob funktioniert, lasse ich mich nicht so leicht von Werbebotschaften blenden. Ich weiß auch, worauf ich achten muss, wenn ich das Gerät öffnen möchte, um es zu reparieren. Und ich unterstütze politische Entscheidungen, die diese Möglichkeiten vereinfachen. So tragen wir ganz praktisch dazu bei, dass weniger Ressourcen verbraucht werden.
>
> MAXIMILIAN VOIGT IN SEINEM BLOGBEITRAG »REPARIEREN ÖFFNET WISSEN« AUS DEM PROJEKT »WERT DER REPARATUR VOM RUNDEN TISCH FÜR REPARATUR«

REPARIEREN VON VERHÄLTNISSEN – ZWISCHEN MENSCHEN UND IHREN DINGEN

Das Interesse am alltäglichen Reparieren hat vor allem im Kontext der Debatte um nachhaltigen Konsum und die gesellschaftlichen Voraussetzungen für eine Kreislaufwirtschaft zugenommen. Oft herrscht dabei ein instrumentelles Verständnis von Reparatur vor: Reparieren schont Ressourcen, dient der Verlängerung von Produktlebensdauern und ist ein wichtiger Aspekt des Wiedererstarkens eines einst sehr zentralen gesellschaftlichen Dienstleistungssektors. Doch einige Forscher*innen entdecken im Reparieren viel mehr: Sie beschreiben das Reparieren als eine einfühlende und innovative Auseinandersetzung mit den Dingen, als Improvisation, Neuerfindung und emotionale Arbeit und eben auch als Versuch, an der eigenen Beziehung zu den Dingen, ja sogar zur Umwelt als solcher zu arbeiten und diese zu reparieren. Insbesondere im Rahmen von längeren Reparaturprojekten werden die Beschäftigung mit den Dingen und das Reparieren zum Selbstzweck bisweilen wichtiger als deren Wiederherstellung. Es geht nicht nur darum, am Ende einen reparierten Gegenstand zu besitzen, sondern auch um die Auseinandersetzung mit ihm. Improvisieren und Experimentieren sind wichtige Bestandteile des Prozesses. Planung und offene Exploration wechseln sich ab. Während dieses Vorgangs können die Funktionen und der Wert des Gegenstands neu entdeckt werden. Die Wertschätzung steigt nicht nur für den Gegenstand, sondern auch für sich selbst, denn die Eigenarbeit am Ding ermöglicht eine körperliche Erfahrung von Effektivität.

Also, das ist nicht unbedingt schön, aber es funktioniert. Und der Witz ist eigentlich, dass es eigentlich ein Bügeleisen vom Aldi war für 10 Euro und wir haben es trotzdem noch mal repariert. Und das Witzige war eben daran, dass erst die Heißklebepistole verschwunden war, dann hatte sie doch nicht funktioniert. Dann hat sie funktioniert, dann ging das wieder. Das ging, das nicht zu reparieren. Dann mussten wir wieder das Panzertape holen. Und bis wir nur zu der Lösung oder zur Reparatur und zum Reparaturerfolg gekommen sind, hat es eben einige Zeit gedauert.

REFLEXIONSGESPRÄCH MIT NINA, TEILNEHMENDE AM REALEXPERIMENT

Die Auseinandersetzung mit einem Problem führt dazu, dass Menschen die Funktionalität, den Aufbau und das Innenleben der Geräte besser verstehen (können). Jedes weitere Reparaturabenteuer bringt neue Entdeckungen und neues Wissen mit sich, nicht selten aber auch intensive Emotionen wie Enttäuschung, Verzweiflung, Ärger. Im und durch den Prozess der Reparatur verändert sich das Verhältnis zu den Gegenständen, positive und negative Empfindungen können sich abwechseln. Fast immer findet aber

ein Zugewinn an Bedeutung statt. Nicht selten führt bereits vorhandene emotionale Wichtigkeit des Gegenstands dazu, dass ein Reparaturversuch unternommen wird. In solchen Fällen ist manchmal eine halbe Reparatur bzw. ein »Am-Leben-Erhalten« von einem bedeutungsvollen Gegenstand auch schon ausreichend.

Da ich die Tassen von meiner Oma geerbt habe (sie sind meine einzigen Erinnerungsstücke), war ich sehr froh, dass sie, wenn auch mit sichtbaren Macken und Rissen, überhaupt geklebt werden konnten. Leider wurde mir jedoch geraten, sie nicht mehr zu benutzen, weil sie entweder nicht ganz dicht sind oder beim nächsten Spülen bereits wieder zerbrechen könnten. Sie sind also nicht wirklich ›repariert‹, aber zumindest optisch wieder hergestellt.

FORSCHUNGSTAGEBUCH CONNY, TEILNEHMENDE AM REALEXPERIMENT

Es ist aber nicht immer der Fall, dass emotionale Bindung eine Rolle bei der Entscheidung für eine Reparatur spielt. Manchmal ist eine Reparatur ein Schritt in Richtung Unabhängigkeit von den technologischen Entwicklungen und dem Überangebot an neuen Produkten.

»Reparatur ist nachhaltig, weil Reparatur Unabhängigkeit bedeutet, Geld spart und Ressourcen schont, Kreativität fördert, Konsument*innen zu Beitragenden macht und den Besitzerstolz weckt.« (Reparaturmanifest von iFixit)

So kann Reparieren gleichzeitig für mehr Bindung (an den Gegenstand) und für Loslösung (vom Markt und von dem steten Strom an neuen Dingen) sorgen. Insgesamt ist Reparieren aber vor allem auch ein wichtiger Lernprozess.

DIMENSIONEN DES LERNENS BEIM REPARIEREN

Die Forschung konzentriert sich oft auf den Nutzen der Reparatur von Gegenständen für die Einsparung von Ressourcen oder die Verlängerung der Lebensdauer. Seltener geht es darum, wie die Reparatur auch zur Bildung von Menschen und zur Weiterentwicklung ihrer Kompetenzen beiträgt. Das Spannende an dieser Perspektive ist: Auch wenn die Reparatur nicht gelingt, so hat sie dennoch eine positive Wirkung. Denn aus Fehlern lernen und Scheitern können sind wichtige Kompetenzen, gerade wenn es um den Einsatz für Nachhaltigkeit geht. Im besten Fall findet beim Reparieren ein transformativer Lernprozess statt: Menschen gewinnen nicht nur einzelne Fertigkeiten hinzu, sie erreichen auch ein neues Niveau in ihrer Fähigkeit, sich mit Problemen und Herausforderungen auseinanderzusetzen und Lösungen zu finden.

Wir wollen im Folgenden zwei Dimensionen des Lernens beim Reparieren hervorheben, die hierbei besonders spannend sind:

1. Selbstbefähigung und Selbstwirksamkeit sowie
2. Fürsorge und Solidarität.

SELBSTBEFÄHIGUNG UND SELBSTWIRKSAMKEIT

> Beim Reparieren geht es um Unabhängigkeit. Sei kein Sklave der Technik - sei ihr*e Meister*in. Wenn die Technik kaputt ist, repariere sie und mach sie besser. Und wenn du ein*e Meister*in bist, befähige andere.
>
> PLATFORM 21, REPAIR MANIFESTO VON 2009

Reparieren umfasst eine ganze Bandbreite von Tätigkeiten, die sich qualitativ und quantitativ, beispielsweise hinsichtlich ihres Umfangs und Aufwands, voneinander unterscheiden. Gerade aufwendige Reparaturen sind ein Prozess, der nicht gleichförmig oder geradlinig verläuft. Reparierende und Reparaturgegenstände nähern sich in diesem Prozess immer wieder aneinander an – wenn beispielsweise eine festsitzende Schraube gelöst werden und viel Körpereinsatz gezeigt werden muss. Sie bewegen sich dann wieder voneinander fort, wenn ein Problem mit etwas Abstand betrachtet oder weiteres Werkzeug geholt werden muss. Beim Reparieren setzen sich Reparierende mit der Materialität und dem Design von Dingen auseinander und lernen nicht nur die Funktionsfähigkeit der Reparaturgegenstände kennen, sondern auch die Macken und Fehldesigns. Reparieren ist oft auch eine Auseinandersetzung mit der Widerständigkeit und Undurchdringlichkeit von Dingen, gerade dann, wenn ein Mechanismus klemmt oder eine Schraube zu fest sitzt.

Reparierende setzen sich dabei auch mit den eigenen körperlichen und mentalen Grenzen auseinander: Wie viel Kraft ist nötig und habe ich die? Wie viel Fingerspitzengefühl brauche ich? Verstehe ich, was ich hier eigentlich gerade tue?

Es finden Lernprozesse statt, welche die eigenen Kompetenzen genauso erweitern können, wie sie die eigenen Grenzen erfahrbar machen.

TRANSFORMATIVES LERNEN

Das Konzept wurde erstmals vom Bildungsforscher Jack Mezirow formuliert und seitdem weiterentwickelt. Es beschreibt Lernprozesse, in denen sich die grundlegenden Wahrnehmungsmuster von Menschen verändern und damit auch die Handlungsmöglichkeiten. In einem transformativen Lernprozess verändert sich das Selbstverständnis von Menschen. Sie entwickeln ihre analytischen und Reflexionsfähigkeiten weiter und können Probleme besser verstehen und möglicherweise auch lösen.

Es geht daher beim Reparieren nicht nur um den richten Dreh mit dem Schraubenzieher oder die Kenntnis der »klassischen« Schritte einer Reparatur. Die Fähigkeit zum Reparieren ist nicht nur eine Kombination aus körperlichen Fähigkeiten wie beispielsweise die richtigen Werkzeuge bedienen zu können und kognitiven Fähigkeiten wie dem Verständnis von Mechanik. Eine entscheidende Rolle spielt auch die Fähigkeit, »dranzubleiben« und durchzuhalten und dabei gleichzeitig wach und offen zu sein für kreative Improvisationen. Reparieren ist ein Prozess, der oft nicht vollständig geplant und kontrolliert werden kann, er braucht auch Durchhaltevermögen und einen konstruktiven Umgang mit Scheitern, die Aufrechterhaltung von Motivation und das Im-Blick-Behalten von Zielen. Mit der Förderung dieser Fähigkeiten können das Erlernen und die Praxis des Reparierens auch transformatives Lernen stärken.

Reparieren ist also auch Arbeit an sich selbst. Menschen setzen sich nicht nur mit dem kaputten Ding vor sich auseinander, sondern auch mit sich selbst und der Welt. Reparieren ist auch eine Art, sich mit der Welt auseinanderzusetzen, Probleme anzupacken und Herausforderungen anzunehmen. Somit kann sich bereits der Versuch der Reparatur auf das Selbstverständnis und die Selbstwirksamkeit auswirken.

> Das Tun selber ist schon Teil der Belohnung, wenn man etwas gut macht und weiß: Ich mache es gerade gut, weil ich mir Mühe gebe [...]. Das ist unmittelbar erfahrbar, weil man geht mit der Hand drüber und weiß, es ist jetzt eine super Oberfläche.
>
> HOBBY-REPARATEUR AXEL

FÜRSORGE UND SOLIDARITÄT

Das Reparieren kann nicht nur das transformative Lernen und die Selbstentwicklung fördern, im besten Fall schult es auch das fürsorgliche und solidarische Handeln von Menschen.

Reparieren funktioniert nicht, wenn sich der oder die Reparierende nicht auf den Gegenstand einlässt, versucht, ihn zu verstehen, und die eigenen Bewegungen an ihn anpasst. Auch wenn es erst mal ungewöhnlich klingt: Reparieren ist auch ein Akt der Fürsorge, denn ohne eine vorsichtige, achtsame und fürsorgende Herangehensweise geht schnell etwas schief und der Gegenstand ist noch zerstörter als zuvor.

Reparieren ist für manche Menschen auch eine Möglichkeit, sich um andere zu kümmern. Einen Gegenstand für andere zu reparieren oder anderen Menschen bei der Reparatur zu helfen, ist auch eine Art von Fürsorge, die über das zu reparierende Ding vermittelt wird. Etwas für jemanden zu reparieren, bedeutet auch: Mir ist wichtig, dass es dir wieder gut geht mit deinem Gegenstand, dass er dir wieder nützlich ist. Beim gemeinsamen Reparieren werden Freud und Leid geteilt, es wird zusammen durchgehalten und an Problemen geknobelt.

> Das ist ja auch ein Treffpunkt für Menschen. Und wo sie zusammen sein können und miteinander kommunizieren können und so. Es gibt ja auch Menschen bei älteren, einsamen Menschen[,] dass etwas kaputtgeht oder so. Die haben ja sonst keinen Kontakt und die können dann ja gleich Kontakte knüpfen. Dass dies auch ein wichtiger Aspekt der Repair-Cafés ist.
>
> REPAIR-CAFÉ-HELFER MARKUS

Repair-Cafés sind ein gutes Beispiel für die Kombination von Sich-Kümmern um Gegenstände und dem Sich-Kümmern um andere. Darüber hinaus entfaltet sich in Repair-Cafés eine Art der kollektiven Selbstwirksamkeit: Gemeinsam kümmern sich die Beteiligten auch darum, dass es eine Alternative zum Wegwerfen gibt und dass sich – in kleinen Schritten – auch die sogenannte Wegwerfgesellschaft verändert. Reparieren bekommt hier wieder eine Bühne, es wird sich gemeinsam darum gekümmert, dass die Reparatur nicht aus der Gesellschaft verschwindet.

Und nicht zuletzt bedeutet Reparieren für viele Reparierende auch, sich um die Umwelt zu kümmern. Es geht um die Schonung von Ressourcen, die Verhinderung von Neukauf und insgesamt auch einen genügsameren Konsum.

Teilnehmende an Repair-Cafés nehmen an diesen Aktivitäten aus Gründen teil, die weit über ihr eigenes Wohlbefinden hinausgehen. Das Engagement und die Teilnahme an der gemeinsamen Reparatur werden in einen größeren Zusammenhang gestellt. Neben der Möglichkeit, die eigenen Gegenstände zu reparieren, spielen für viele auch soziale und ökologische Aspekte eine wichtige Rolle.

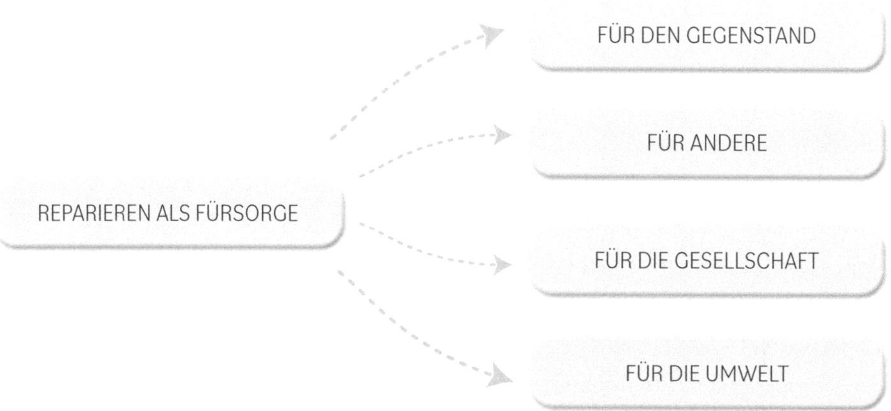

Beim gemeinsamen Tun kommen Menschen ins Gespräch. Sie fragen sich, warum Reparieren manchmal so schwierig ist oder warum so wenige Menschen reparieren. Durch das Reparieren und die gemeinsame Fürsorge für Dinge, Menschen, Gesellschaft und Umwelt entsteht auch so etwas wie Solidarität. Mit der Reparatur wird eine Alternative praktiziert und ein Beispiel dafür geschaffen, wie Menschen anders miteinander und mit ihrer Umwelt leben können.

> Das führt zwangsläufig dazu, dass man sich mehr damit auseinandersetzt, wie man mit Ressourcen umgeht[,] und das wiederum führt dann zwangsläufig zu der Idee, mehr zu reparieren und weniger wegzuschmeißen. Das tut einem gut.
>
> HOBBY-REPARATEUR AXEL IN DER FORSCHUNGSWERKSTATT

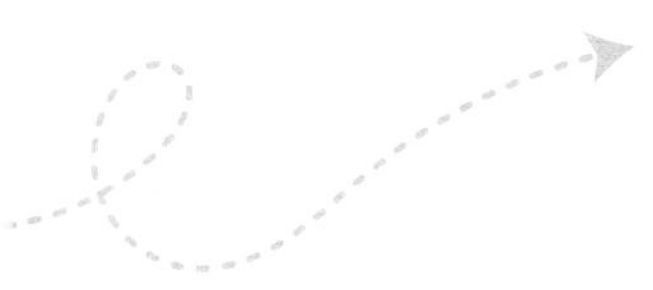

TEIL 2

REPARIEREN & SCHULE

DIE VOLLSTÄNDIGE HANDLUNG DER REPARATUR

Es ist wertvoll, sich darüber Gedanken zu machen, was eine Reparatur im wirklichen Leben ausmacht, wenn mensch sie auf den Schulkontext übertragen will. Bei der didaktischen Gestaltung werden nämlich **oft einige Schritte vereinfachend ausgeklammert**, um andere in den Fokus zu rücken und Schüler*innen nicht zu überfordern. Je kleiner aber der unterrichtete Anteil einer vollständigen Reparatur ist, desto frustrierender kann die Erfahrung werden, wenn die selbstständige Umsetzung zu Hause erprobt wird. Hier also braucht es eine Hilfestellung, **um bewusste Entscheidungen** darüber zu treffen, welche Schritte inkludiert und exkludiert werden, damit Lernprozesse auf die Lernziele gerichtet sind. In diesem Text sind die allgemeinen Schritte, die mensch beim Reparieren durchläuft, mit Erfahrungen von Lehrenden zur Nachbildung im Unterricht ergänzt. Für Schüler*innen kann die Übersicht der Schritte nützlich sein, um ihr Vorgehen zu planen und zu reflektieren.

Die ersten vier Schritte der Reparatur sind bei einer Reparatur im Alltag Teil einer **intuitiven Phase**. Das Annehmen der Reparaturaufgabe, die Beschreibung des Defekts und die Hypothesenbildung zu möglichen Ursachen und Reparaturwegen gehen ineinander über und bedingen sich gegenseitig. Ein*e Physiklehrer*in, der ihren*seinen Versuchsaufbau zu Induk-

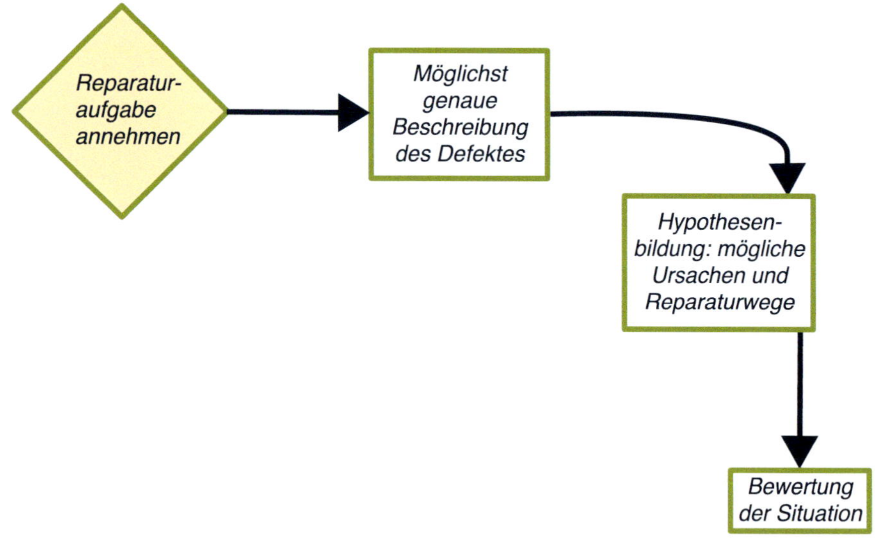

tionsströmen selbst repariert, kennt alle Eigenheiten des Geräts genau, hat über die Jahre die idealen Einstellungen kennengelernt und daraus vermutlich eine konkrete Hypothese zur Fehlerursache abgeleitet. Die Schüler*innen, bei denen so ein Aufbau abgegeben wird, kennen im Zweifelsfall nicht einmal den Versuch, dem der Aufbau dient. Sie müssen erst die Funktion des Geräts verstehen, bevor sie eine Funktionsstörung erkennen können. Wenn sie fremde statt eigene Geräte reparieren, müssen sie die ersten Schritte bewusst durchführen und können nicht auf einen intuitiven Prozess zurückgreifen.

Je nach Einschätzung und Beschreibung des Defekts kann mensch sich die Reparatur zutrauen oder sich vor ihr ängstigen. Gleichzeitig spielen die empfundenen Emotionen und Wertezuschreibungen dem Objekt und dem Reparieren gegenüber eine Rolle dafür, ob mensch die Reparaturaufgabe überhaupt annimmt. Ob Lehrende diesen emotionalen und normativen Aspekt beim Reparieren mit Schüler*innen nachbilden können, ist fraglich, denn die Entscheidung, dass im Kurs Reparaturversuche stattfinden sollen, ist bereits getroffen.

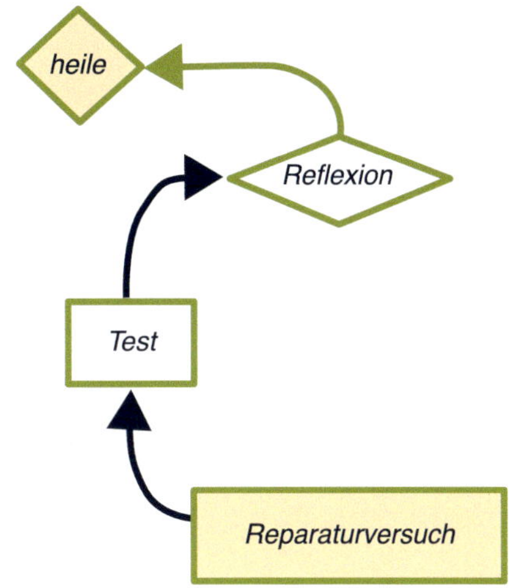

Für erfahrene Routinereparaturen können die weiteren Schritte innerhalb weniger Minuten abgeschlossen sein. Ob es sich bei einer Reparatur um eine Routinereparatur handelt, hängt aber in erster Linie davon ab, ob die Reparierenden bereits eine Handlungskompetenz für die jeweilige Reparatur erworben haben. Je unbekannter der Reparaturgegenstand ist, desto mehr muss mensch mit dem Reparaturobjekt ringen, um sich einen Zugang zu ihm zu verschaffen, und sich seiner Materialität unterwerfen.

Hypothesenbildung: mögliche Ursachen und Reparaturwege

Eine systematische Hypothesenbildung zur Defektursache ist besonders in der Berufswelt eine wichtige Kompetenz, da über zeit- und kostenintensive Reparaturen entschieden werden muss, und wird deshalb in der beruflichen Bildung oft fokussiert. Laienreparateur*innen

ist eine Aufstellung aller möglichen Ursachen und Lösungswege nicht so wichtig. Entscheidend ist in der Regel, überhaupt eine Idee zu haben, wie ein Defekt behoben werden kann. Wenn bei einer Laptoptastatur eine Taste verloren gegangen ist, kann mensch probieren, aus Holz einen Ersatz zu schnitzen oder diesen am 3-D-Drucker zu drucken. Mensch kann eine Ersatztaste erwerben oder gleich die gesamte Tastatur ersetzen. Im Vergleich zum Wert des Laptops ist es nicht entscheidend, ob mensch der effektivste Reparaturweg eingefallen ist. Hauptsache, der Laptop kann weiter genutzt werden und mensch hat vielleicht sogar Spaß beim Reparieren gehabt.

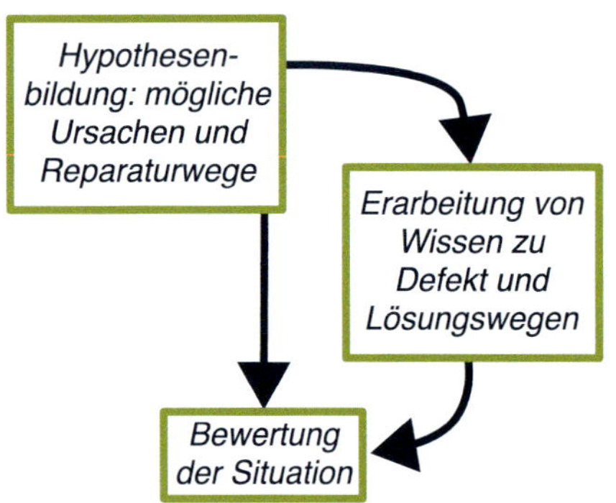

Die Beschreibung der verschiedenen Methoden zum Ersetzen einer Taste macht direkt deutlich: Mensch muss unter Umständen das Vorgehen bei einer solchen Methode noch recherchieren. Oft möchte mensch auch die Funktionsweise des Gegenstands besser verstehen. Eine ausführliche Erklärung durch die Lehrenden ist je nach Betreuungsverhältnis schwierig: »Dann ploppen manchmal so Gelegenheiten auf und ich war – Voll cool! Aufgreifen! – und dann stehen aber so drei andere hinten in der Warteschlange und wollen auch irgendwas. Das ist manchmal schade, dass man nicht mehr auf die Sachen eingehen kann«, berichtet ein Lehrender. Bei der Reparatur zu Hause greifen viele zur Onlinerecherche, die auch beim Reparieren mit Schüler*innen in gewissem Rahmen Abhilfe schaffen kann. Dafür muss mensch auf gängigen Suchplattformen navigieren, passende Suchbegriffe wählen und Anleitungen und Tutorials entsprechend ihrer Passung auf das Problem und ihrer Validität einschätzen können. »Wir [die Lehrenden] wissen schon besser, welche Begriffe man bei Google eingibt oder bei YouTube, um dann das richtige Video zu bekommen und die [Schüler*innen] eiern schon deutlich länger rum.« Mensch braucht für die Recherche Medienkompetenz.

Um sich zu entscheiden, welchen Reparaturversuch mensch durchführen möchte, sollte mensch seine Methodenkompetenz für die Durchführung des Reparaturversuchs, die Risiken, die dafür notwenigen Materialien, Kosten und Sicherheitsmaßnahmen

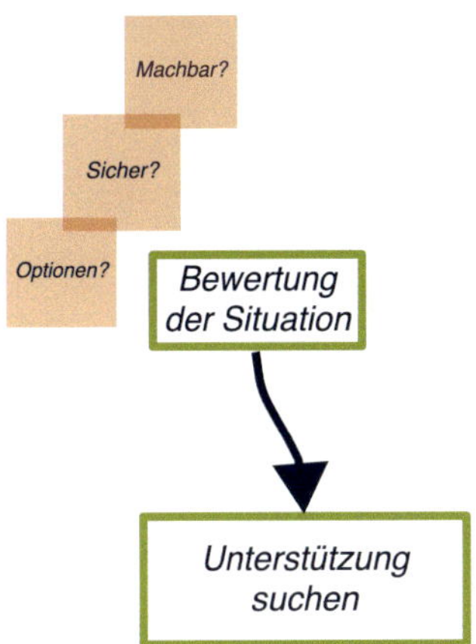

abwägen. Gibt es Möglichkeiten, notwendige Unterstützung für die Reparatur zu mobilisieren? Hat mensch Bekannte, Repair-Cafés oder Reparaturservices, die eine Reparatur ermöglichen können, die mensch allein nicht schafft, aber wünscht? Auch Hilfe in Anspruch zu nehmen, bringt Schwierigkeiten mit sich, die über die Beschreibung des fachlichen Problems hinausgehen. Ein Eingeständnis der Hilfebedürftigkeit, das Zugehen auf (fremde) Menschen braucht Übung. Ein Zugang zu gemeinschaftlichen Räumen des Reparierens kann insbesondere schwerfallen, wenn mensch selbst nicht der sozialen Gruppe angehört, zu dem die Expert*innen gehören wie zum Beispiel, wenn eine Frau Hilfe bei männlichen Elektronikreparateuren sucht.

Die Bewertung der Situation kann zur Auswahl eines Reparaturversuchs führen, aber auch zu der Entscheidung, dass die Reparatur nicht sinnvoll ist. Für Schüler*innen kann das natürlich frustrierend sein: »Meistens haben wir dann doch einen Weg gefunden. Aber es gab auch Sachen, die dann einfach irgendwann eingestellt wurden. Wir hatten so einen Lego-Technik-Motor, wo wir erst dachten, es wäre nur ein Wackelkontakt. Aber da war dann halt irgendwie irgendwo in der Platine vermutlich ein Fehler oder irgendwo war es gebrochen. Der war halt von dem Schüler selbst und so und das wäre schön gewesen, den zum Laufen zu bringen, und es hat dann auch echt viel Zeit schon dringesteckt.« Von abgebrochener Teilnahme an einem laufenden Projekt wegen einer solchen Erfahrung wurde mir aber noch nicht berichtet, im Gegenteil: »Ich finde es auch immer wieder schön, dass es Schülerinnen und Schüler gibt, die anfangs recht unmotiviert sind, dann doch über das Jahr, in dem sie dabei sind, sich dafür begeistern lassen.«

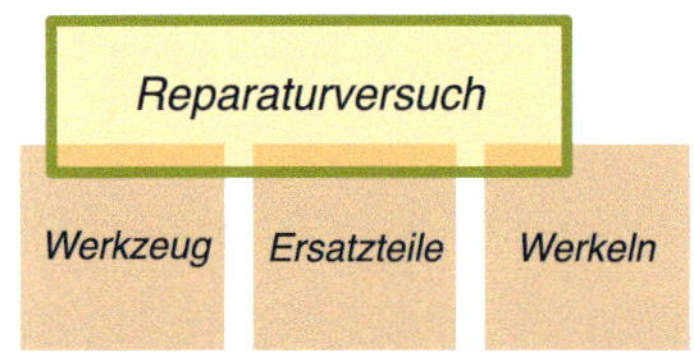

Bevor mensch dann tatsächlich den Reparaturversuch starten kann, muss mensch eventuell noch Spezialwerkzeug, Verbrauchsmaterial und Ersatzteile beschaffen. Auch das können Schüler*innen erproben. Bei der Beschaffung braucht mensch Fachkompetenz, um passende Modelle zu wählen, und Medienkompetenz, um online passende Angebote zu finden. »Wir haben ganz in der Nähe [einen Baumarkt] und das ist Gold wert. Die [Schüler*innen] haben dann immer den Auftrag, das vorher im Tablet rauszusuchen auf der [Baumarkt-]Seite, dass sie genau wissen, was sie suchen, sich das notieren, dass sie dann auch mit genau der richtigen Beschreibung zum Verkäufer gehen können und fragen: Wo ist das?« Für den Reparaturversuch selbst muss mensch seine gesammelte Handlungskompetenz für die Reparatur aufbringen. Festgelegte Routinen zur Dokumentation des Fortschritts der Reparatur können Schüler*innen helfen, ihre Arbeit zu strukturieren, sie an einem folgenden Termin wieder aufzugreifen und auch einen Zusammenbau zu erleichtern.

Staub entfernt.
Nächster Schritt:
Zusammenbauen
und testen.

Test

Ob ein Reparaturversuch erfolgreich ist, zeigt sich erst in der Materialität des Reparaturerfolgs. Eine falsch analysierte Ursache einer Reparatur wird von einem Reparaturgegenstand unbarmherzig zurückgewiesen. Ein Test der Funktionalität des Gegenstands verrät mir mehr darüber. Dabei muss der reparierte Gegenstand nicht immer alle Kriterien erfüllen, die der Gegenstand vorher erfüllt hat. Ob die Funktionalität wieder hergestellt ist, hängt von der persönlichen Nutzungspraxis der Nutzenden ab, der er genügen muss.

Die Reflexion des Ergebnisses des Reparaturversuchs, des Vorgehens und der Bedeutungsebene der Reparatur in der Welt entscheidet darüber, bei welchem Schritt des Reparaturwegs mensch wieder einsteigt, um die Reparaturhandlung fortzusetzen, oder ob mensch mit dem Ergebnis zufrieden ist und den Reparaturgegenstand als »heile« erklärt.

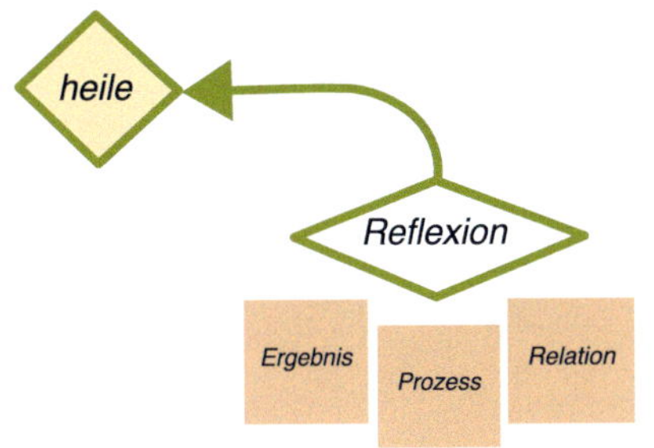

Die vollständige Handlung der Reparatur ist nicht linear, sondern zirkulär bis chaotisch angelegt.

Gelegentlich führt der Lernweg beim Reparieren auch über den Reparaturweg hinaus. Der Reparaturgegenstand fungiert als Spiegel der Welt, die ihn hervorgebracht hat. Die Schüler*innen verorten sich und ihre Reparaturpraxis in Relation zu ihrer Welt, rekonstruieren, wie ihre Wirklichkeit aussieht, und dekonstruieren die Bedeutung der Kontexte, in denen sie sich befinden. So zum Beispiel bei der Reparierbarkeit von Produkten: »Aber die Schülerinnen und Schüler haben jetzt auch schon gemerkt, dass die neueren Handys gar nicht mehr dazu gemacht sind, repariert zu werden, weil mittlerweile alles so stark verklebt ist, dass man auch mit Heißluftföns wie früher bei den Samsung-Geräten, dass man die Displays nicht mehr ablösen kann. Ab spätestens dem Moment, wo sie frustriert sind und merken, da geht nichts, kann man darauf hinweisen, dass es zum Beispiel auch Dinge wie Fairphone gibt, die modular aufgebaut sind und wo man alles zerlegen kann und so weiter. Da kann man gut anknüpfen.« Oder beruflicher Orientierung: »In unserer Präsentationsprüfung an der Schule hat ein Schüler einen Kontrabass selber gebaut als Projekt und ich glaube schon, dass diese Inspiration, dass die schon auch aus dieser Reparaturwerkstatt kam, weil er da gemerkt hat, man kann eigentlich auch selber an Instrumenten bauen. Ja, und das hat er jetzt tatsächlich auch als Prüfungsthema ausgesucht: ob der Instrumentenbau in Deutschland auch profitabel ist.«

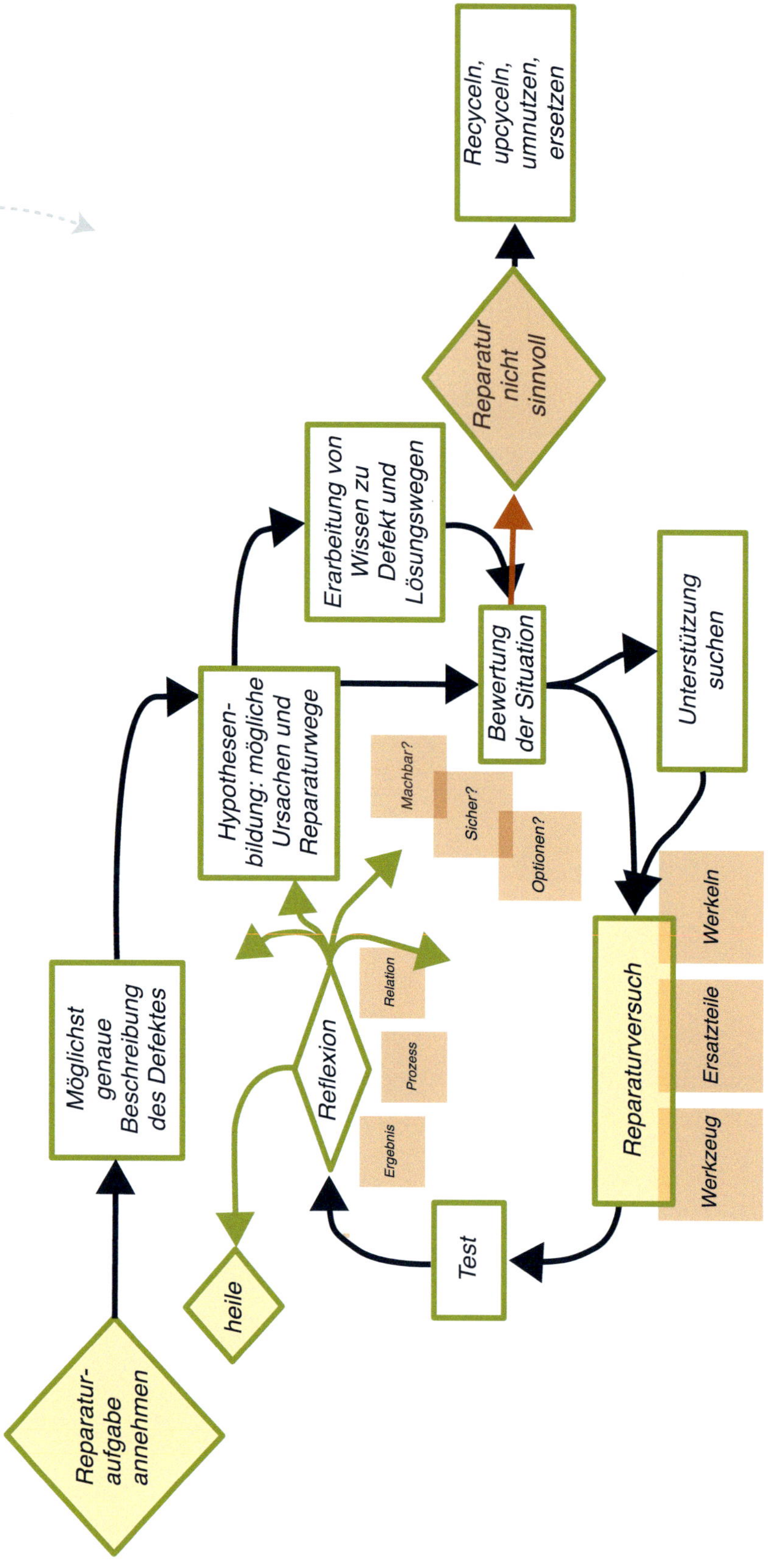

Reparatur-
aufgabe
annehmen
Möglichst genaue Beschreibung des Defektes
Hypothesen-bildung: mögliche Ursachen und Reparaturwege
Erarbeitung von Wissen zu Defekt und Lösungswegen
Bewertung der Situation
Machbar?
Sicher?
Optionen?
Reparatur nicht sinnvoll
Recyceln, upcyceln, umnutzen, ersetzen
Unterstützung suchen
Reparaturversuch
Werkzeug
Ersatzteile
Werkeln
Test
Reflexion
Ergebnis
Prozess
Relation
heile

REPARATURBILDUNG IM REGELUNTERRICHT

Anhaltspunkte für die Thematisierung des Reparierens finden sich in den Lehrplänen **fast aller Schulfächer.** Im Französischunterricht wurden Gedichte zum Thema Reparatur interpretiert, im Politikunterricht wurde das Recht auf Reparatur debattiert und im Geschichtsunterricht der Wandel im Umgang mit römischen Bauten untersucht: vom Baumaterial zum Kulturdenkmal. Im Geografieunterricht ist der EPIZ-Handy-Rohstoff-Koffer beliebt und im WAT-Unterricht werden Reparaturen als Alternative zu anderen Konsumentscheidungen abgewogen.

Diese Art der **Dekonstruktion** bzw. Entlarvung der gesellschaftlichen Verhältnisse rund um das Reparieren, insbesondere die Auseinandersetzung mit Dilemmata, ist entscheidend dafür, dass ein Verständnis von Reparatur jenseits einfacher Lösungen und individueller Verpflichtungen entsteht. Statt Indoktrination (Es ist unsere Pflicht, zu reparieren!) erleben die Schüler*innen eine kritische Auseinandersetzung mit dem gesellschaftlichen Umgang mit Gegenständen sowie der Komplexität, Unsicherheit und Widersprüchlichkeit, die mit ihnen verbunden sind. Im Mittelpunkt steht die Frage: Könnte das System auch anders gestaltet sein?

Ohne Erfahrungen mit der Reparaturpraxis ist aber nicht zu erwarten, dass die Schüler*innen einen Bedeutungshorizont von Reparatur aufbauen können, der ausreicht, um als Teilhaber*innen von gesellschaftlichen Transformationen und im eigenen Alltag sensibel entscheiden und handeln zu können. Beispielsweise finden sie im eigenen Haushalt selten Gegenstände, die repariert werden müssen. Deshalb sollen die Schüler*innen auch die Möglichkeit bekommen, Reparaturen zu konstruieren. **Konstruieren** ist hier nicht im Sinne von etwas Neues bauen gemeint, sondern im konstruktivistischen Sinne des Erfindens oder Konstruierens einer eigenen Wirklichkeit.

DIDAKTISCHES HANDELN IM KONSTRUKTIVISMUS

Eine didaktische Konstruktion lässt Schüler*innen begründet erfinden oder gestalten.

Eine didaktische Rekonstruktion lässt Schüler*innen die Welt um sie herum entdecken und ihre eigenen Erfahrungen verallgemeinern.

Eine didaktische Dekonstruktion lässt Schüler*innen die Funktionsweisen des Systems, in dem sie leben, enttarnen, indem sie an ihm zweifeln, verschiedene Perspektiven einnehmen und Kritik üben.

Einfache Reparaturen können in den regulären Unterricht integriert werden. Stille Reparaturen wie

- eine Kordel mit Sicherheitsnadel in einen Kapuzenpulli einfädeln,
- einen Knopf annähen,
- ein Kugellager an einem Skateboard ersetzen oder
- einen Riss mit formbarem Allzweckkleber ausbessern

können je nach Interesse ausgewählt und in 20 Minuten erledigt werden. Die Materialien können größtenteils wiederverwendet werden, sodass der praktische Teil nur wenig Vorbereitung erfordert. Stationenlernen eignet sich gut, wenn nur ein Teil der Klasse an betreuungsintensiven Praxisaufgaben arbeiten soll, um die anderen Schüler*innen parallel mit weniger betreuungsintensiven Aufgaben zu beschäftigen.

Natürlich sind diese einfachen Konstruktionen nur ein Bruchteil einer vollständigen Reparaturhandlung und eignen sich nur bedingt für lebensweltbezogene Lernanlässe mit Dilemmata. Das Herzstück dieser Publikation ist deshalb der Teil zum Aufbau einer eigenen Reparaturwerkstatt.

Auch **Rekonstruktionen** von Reparatur eignen sich für die Einbettung im Regelunterricht verschiedener Fächer. Zur Verdeutlichung der eigenen Realität in Bezug auf Reparaturen können die Schüler*innen zum Beispiel eine Recherche in Bezug auf eine selbst durchgeführte Reparatur durchführen: Gibt es einen Re-

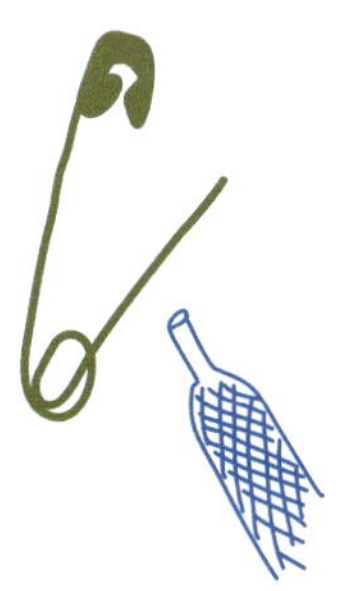

„Am liebsten haben die Kids die SICHERHEITSNADELN erkundet"

paraturservice, der diese Reparatur hätte durchführen können? Gibt es ein Repair-Café in der Nähe, in dem mensch Unterstützung gefunden hätte? Was kostet eine beauftragte und selbst durchgeführte Reparatur im Vergleich zu einem Neukauf? Unter welchen Arbeitsbedingungen arbeiten die Menschen, die reparieren, im Vergleich zu denen, die den neuen Gegenstand herstellen? Welche Ressourcen werden verbraucht? Solche Rekonstruktionen eignen sich zum Beispiel als Teil einer Portfolioprüfung.

DIE EIGENE REPARATURWERKSTATT

Eine eigene Reparaturwerkstatt zu gründen, scheint für viele ein großes Unterfangen zu sein. Es gibt so viele Möglichkeiten und doch wenig Platz in der Schule. Viele träumen von einer Schülerfirma, einem Reparaturservice für Außerschulische oder einem ständig besetzten Reparaturwagen auf dem Schulhof. Das sind tolle Ziele, aber nicht selten ändert sich der Blickwinkel der Lehrer*innen auf das, was sie erreichen wollen, wenn sie erst einmal mit dem Reparieren begonnen haben. Deshalb ein paar Tipps für den Projektstart:

FÜR REPARATURLERNANGEBOTE BRAUCHT MAN KEINEN WERKSTATTRAUM

Je besser ein Werkstattraum ausgestattet ist und je mehr Werkzeuge zur Verfügung stehen, desto mehr Reparaturmöglichkeiten gibt es und desto weniger Frust und Wartezeiten entstehen. Um ein Reparaturangebot in der Schule zu starten, braucht es aber nicht viel mehr als einen Slot im Stunden- und Raumplan. Einige Reparaturprojekte kommen sogar ganz ohne Raum aus und treffen sich auf dem Schulhof. Das ist aber die Ausnahme und im Laufe der Zeit verlagert sich der Treffpunkt oft nach drinnen.

Etwas Werkzeug findet sich beim Hausmeister bzw. der Hausmeisterin oder in den Kellern der Eltern. Ein Schrank reicht aus, um Material und Werkzeug zu lagern. »Also unsere Werkstattmöbel sind die alten Sekretariatsmöbel und es ist alles sehr improvisiert. Aber man sieht es den Werkzeugen an, dass sie sehr improvisiert sind. Und mittlerweile: Also jetzt läuft die Förderung und jetzt ist Werkzeug bestellt und jetzt wird es besser.« Ein flexibles Budget von mindestens 500 Euro, besser 4000 Euro, kann dann dazu dienen, gemeinsam mit den Schüler*innen alles Weitere anzuschaffen, was für die geplanten Reparaturen benötigt wird. Wichtig ist auch, dass langfristig ein flexibles Budget zur Verfügung steht.

Je nach Reparaturgegenstand ist auch die Größe des Raumes entscheidend. So kam in einer Schule ein gefördertes und von der Schulleitung gewünschtes Fahrradreparaturprojekt lange Zeit nicht zustande, weil es keinen geeigneten Raum für das Lagern der Fahrräder und die Arbeit an ihnen gab. Bei einem anderen Fahrradreparaturprojekt wurde die Zahl der Teilnehmer*innen aus Platzgründen begrenzt.

Auch wenn es ans Grobe geht, ist viel Platz nützlich: »Wir sind eigentlich in der Metallwerkstatt und die Holzwerkstatt ist dann immer so ein Ausweichraum, wenn jemand was macht, was Krach macht, oder keine Ahnung, wenn jemand mehr Platz braucht.« Dafür eignet sich aber auch der Hof, wenn man nur einen Werkstattraum zur Verfügung hat, »wenn jetzt irgendwie was lackiert werden muss, dann lasse ich das eigentlich immer draußen im Freien machen und nicht in der Werkstatt«.

Projekte, an denen in wechselnden Räumlichkeiten gearbeitet wird, haben gerne einen Werkstattwagen auf Rädern, um die Werkzeuge und digitalen Geräte, die zum Projekt gehören, zu lagern und zu transportieren. So können je nach Reparaturgegenstand unterschiedliche Schulräume genutzt werden: »Für die Smartphone-Reparatur waren wir im Biologiesaal, der eigentlich das richtige Licht hat und große weiße Tische in der Mitte, an denen man gut kleine Sachen anschauen und sich draußen hinstellen kann.«

Befindet sich die Reparaturwerkstatt im Keller, auf dem Hof oder in einer Garage oder verfügt die Schule über einen schlechten Internetzugang, sorgt das fehlende WLAN oft für »Unmut«. Schüler*innen möchten verständlicherweise ungern das eigene wertvolle Datenguthaben auf ihrem Smartphone für Schulrecherchen ausgeben. Es lohnt sich, von vornherein darauf zu achten, mobile Endgeräte und Internet für ein Reparaturprojekt zu ermöglichen. »Wir haben normalerweise kein Internet in der Werkstatt, [...] aber wir haben so einen Internetwürfel und damit kann man das ganz gut machen.«

AGIL UND FLEXIBEL: KLEIN STARTEN

Ob es wirklich eine Schülerfirma sein muss, fragt sich beispielsweise ein Lehrender nach den ersten Terminen seines Reparaturangebots: »Eine Schülerfirma sollte eigentlich auch unternehmerisches Handeln vermitteln und wirklich diese ganzen Hintergründe von so einer Firma auch durchleuchten. Wir möchten uns eigentlich grade auf das Reparieren konzentrieren.«

Andere Projekte gaben zum Beispiel Geld aus, um ein Repair-Café-Logo für Plakate und Flyer verwenden zu dürfen: Nur um später festzustellen, dass es gar nicht gebraucht wurde, da genügend Gegenstände in der Schulfamilie vorhanden waren, also innerhalb der Gemeinschaft der Lehrer*innen, des nicht-pädagogischen Personals, der Schüler*innen, der Ehemaligen und der Eltern einer Schule sowie in der Summe aller Organe dieser Schule. Sie mussten gar keine Werbung machen, um Geräte von außerhalb der Schule zu bekommen. Es stellte sich heraus, dass es schwierig war, die Personen zu koordinieren, die von außen kommen wollten, um Gegenstände abzugeben. An manchen Schulen kam niemand, an anderen kamen Leute zum Beispiel an Wandertagen oder an anderen Tagen, an denen die Reparaturwerkstatt aus schulorganisatorischen Gründen nicht stattfand. In beiden Fällen war die Frustration groß, sodass der Aufruf an Außerschulische aufgegeben wurde.

Eine Schule hatte Erfolg mit einem Aushang im Arbeitsamt und einem Aufruf in den regionalen Medien, dass Reparaturgegenstände gespendet werden können. Die Schulexternen schreiben eine E-Mail oder rufen die Lehrkraft an, die sie dann mit ihrem Gegenstand zu einem bestimmten Termin einlädt. Die Schüler*innen stellen einige Fragen zum Gegenstand, zum Beispiel nach der Zahlungsbereitschaft für Ersatzteile, der Produkthistorie und dem persönlichen Wert des Gegenstandes. Nach einigen Wochen bis Monaten wird die Person dann von den Schüler*innen angerufen, dass der Gegenstand abgeholt werden kann. Es wird ein konkreter Termin vereinbart. Dass das Angebot nachmittags und verkehrsgünstig im Stadtzentrum liegt, ist ein großer Vorteil: So ist der Besuch der Schule auch für Berufstätige realisierbar.

DIE GANZE SCHULE MITNEHMEN: MIT GROSSEM STARTSCHUSS ALLE AN BORD

An einer Schule wurde das Reparaturlernangebot nicht als Kurs, sondern als Veranstaltungsreihe angeboten. Da an dem Gymnasium unter den Lehrkräften selbst wenig handwerkliche Kompetenz verbreitet war, war das Ziel, das Wissen aus der Schulgemeinschaft zu teilen: »Wissenstransfer, der auch von den Schüler*innen zu den Lehrkräften oder von den Eltern über die Schüler*innen zu den Lehrkräften oder in anderen Konstellationen laufen kann«, wünschte sich die initiierende Lehrende.

Auf Plakaten wurde dann zu einer digitalen Auftaktveranstaltung am Abend eingeladen: Alle Eltern, Schüler*innen und Lehrer*innen wurden eingeladen, zu erfahren, warum und wie Reparatur zum Thema werden sollte. Die Initiator*innen warben auch um Unterstützung für Reparaturlernangebote und fanden diese in der Elternschaft, bei der **anstiftung** und bei benachbarten Initiativen. Durch die große Aufmerksamkeit, die die Veranstaltung erregte, entstand ein Netzwerk und es fanden zahlreiche Reparaturlernangebote an verschiedenen Orten innerhalb und außerhalb der Schule statt.

REPARATURLERNANGEBOT = REPAIR-CAFÉ?

Viele Reparaturlernangebote an Schulen nennen sich »Repair-Café« oder nutzen eine Abwandlung dieses Begriffs. Das Konzept und der Erfolg von Repair-Cafés haben Lehrende inspiriert, das Reparieren mit Schüler*innen zu wagen.

Bei Repair-Cafés steht die Verlängerung der Nutzungsdauer des mitgebrachten Gegenstandes im Vordergrund, die Besucher*innen kommen sporadisch, nur wenn sie etwas zu reparieren haben, und die Qualifikation der Besucher*innen, den Gegenstand selbst zu reparieren, steht nicht immer im Vordergrund. Manchmal besteht bei den Besucher*innen kein Interesse, es selbst zu lernen, manchmal sind die fehlenden Kompetenzen

In der Werkstatt darf ausnahmsweise auch gegessen werden.

der Besucher*innen zu umfangreich, um sie in kurzer Zeit auszugleichen. Schließlich soll der Gegenstand möglichst noch am selben Tag repariert mit nach Hause genommen werden.

Bei Reparaturlernangeboten ist das anders. Hier stehen die Schüler*innen und ihre Lernerfahrungen im Mittelpunkt. Für die Bezeichnung von Reparaturlernangeboten gibt es viele gute Alternativen. Beliebt sind Begriffe, die sich von »Reparaturwerkstatt«, »Fixing« oder »Maintaining« ableiten.

Nichtsdestotrotz können aus den Erfahrungen der Repair-Cafés auch Erkenntnisse für Reparaturlernangebote gewonnen werden, zum Beispiel in Bezug auf technische Kompetenzen, Arbeitssicherheit und Haftung. Aber auch die Geselligkeit ist ein wichtiger Aspekt, der die Menschen in Repair-Cafés zusammenbringt. So werden oft Snacks und Getränke angeboten, die eine gemeinschaftliche Atmosphäre fördern. Unter Umständen fordern die Schüler*innen so etwas auch ein: »Das heißt ja auch Café. Das heißt, Nachmittagsbereich, da haben schon viele Schüler*innen gefragt: Warum heißen wir eigentlich Café, hier gibt es doch gar kein Café? Hier im Nachmittagsbereich kann man jetzt ein bisschen knabbern und was trinken und so. Das hat das Ganze total aufgelockert, sodass diese Geschichten einfach besser geworden sind«, berichtet ein Lehrender.

FÜR EINEN LEHRANSATZ ENTSCHEIDEN

Wenn einmal ein Vogelhaus gebaut und der Aufbau durchdrungen wurde, kann es von den Lehrenden und ihren Schüler*innen nachgebaut werden. Die Lehrenden können das Material beschaffen und gezielt technische Inhalte auswählen und vorbereiten, die auf das Zugangsthema »Vogelhaus« abgestimmt sind. Die Lehrenden können den Inhalt didaktisch aufarbeiten, den Unterrichtsablauf planen und das Thema genau dann in den Lehrplan integrieren, wenn theoretische Inhalte in Abstimmung mit dem praktischen Handeln in den Unterricht einbettet sind. Wenn die Lehrenden so lehren, schaffen sie eine Umgebung für systematisches und angeleitetes Lernen.

Wenn Lehrende einmal einen Wii-Controller repariert und den Aufbau durchdrungen haben, kann die Reparatur nicht einfach skaliert und genauso mit den Schüler*innen ausgeführt werden. Zum einen ist es fraglich, ob so viele Wii-Controller überhaupt aufzutreiben sind. Als Nächstes wird auffallen, dass es durchaus unterschiedliche Versionen von Wii-Controllern gibt. Und spätestens bei der Fehlersuche wird klar, dass ein Defekt natürlich unterschiedliche Ursachen haben kann und damit die Problemlösung auf unterschiedliche technische Inhalte aufbaut. Spätestens an diesem Punkt können die Lehrenden eine vorbereitete Schritt-für-Schritt-Planung zurück in die Schublade legen.

Sich für einen Lehransatz zu entscheiden, bedeutet, sich zu entscheiden, **mit welcher Strategie** mensch der **Unvorhersehbarkeit des Reparaturgegenstandes** begegnen möchte. Lebendige Projekte leben Mischformen der Lehransätze und erfahrene Lehrende können sogar fließend je nach Situation ihren Lehransatz anpassen. Eine bewusste Entscheidung für einen Lehransatz erleichtert aber die Planung und Reflexion. Ist die Lehrpraxis geeignet, um meine Schüler*innen zu erreichen und kognitiv zu aktivieren? Sind meine Lehrziele kongruent mit meinem Lehransatz?

AKTIV ODER KOGNITIV AKTIV?

Eine **hohe allgemeine Aktivität** der Lernenden (»Hands-on-Aktivitäten«) ist **nicht** gleichbedeutend mit einer hohen **kognitiven Aktivität** der Lernenden. Kognitive Aktivität ist die aktive geistige Auseinandersetzung mit dem Lerngegenstand.

LEHRPERSONORIENTIERT

Es gibt Strategien, um auch beim praktischen Reparieren weiterhin **systematisch** und **anleitend** zu lehren: so, wie es für das Vogelhaus beschrieben wurde. Lehrende berichten: »Also, die Hälfte der Zeit haben wir da Theorie gemacht. Ich habe ein laminiertes Plakat anfertigen lassen von einem Fahrrad, das in Einzelteile sozusagen zerlegt wurde, habe dann dazu die jeweiligen Begriffe mit dem korrekten Artikel auch ausgedruckt und laminiert und wir haben dann erst mal auf so einer Pinnwand die Theorie aufgearbeitet, haben gesagt: Okay, was ist das für ein Teil?«

Voraussetzung ist, dass mensch die Herausforderung gemeistert hat, **Reparaturgegenstände zu finden**, die in großer Zahl verfügbar sind und die vorhersehbare Defekte haben. Die Lehrenden wählen dafür einen Reparaturgegenstand, für den sie außerdem **Fachexpertise** haben, oder sie holen sich jemanden dazu, der diese hat. Als Reparaturgegenstände eignen sich zum Beispiel ausrangierte Fahrräder oder Gegenstände, die in der Schule zuhauf vorhanden sind: »Manche Klassenräume haben so merkwürdige Bügel aus Kunststoff um die Stahlfüße herum, das sind diese hier [zeigt und geht rum], dann bricht das hier unten alles auf wie hier und dann muss man sehen: Wie kriegt man das repariert? Und da haben wir teilweise noch Ersatzteile, das machen die Schüler*innen dann ab und reparieren das. Davon könnten die eigentlich ein ganzes Jahr reparieren, das ist so eine schlechte Qualität, dass man da so viel zu tun hat. Bloß wird das irgendwann langweilig, wenn die immer dasselbe machen. Also muss man auch ein bisschen darauf achten.« Ein

»Kompetenzen erwerben ist wichtig: Das gibt Sicherheit. Und Sicherheit gibt dann dementsprechend auch Selbstbewusstsein.«

guter Reparaturgegenstand eröffnet also nicht nur eine, sondern eine Vielfalt an Standardreparaturen. Jedenfalls gilt das für Gruppen, die über einen längeren Zeitraum in einer festen Gruppe zusammenkommen, wie es meist der Fall ist.

Der lehrpersonorientierte Ansatz eignet sich gut, wenn der Umgang mit Störungen im Unterricht eine große Rolle spielt und das Vertrauensverhältnis noch nicht ausgeprägt ist: »Wir haben eine wilde Truppe. Wir haben uns bis jetzt noch nicht getraut, komplett selbstständig denen zu sagen: Ihr macht das, ihr macht das, ihr macht das und wir gucken nur zu, sondern wir teilen höchstens mal auf, dass [ein*e Lehrende*r] dann das eine macht und ich mache das andere. Und die können frei entscheiden, wem von uns beiden die jetzt heute zugucken und [wo sie] mitmachen wollen.« Der Lehransatz gibt auch Struktur, wenn Schüler*innen noch keine Erfahrung mit Werkstattarbeit haben oder es ihnen schwerfällt, eigenständig zu arbeiten. Auch wenn möglichst schnell Fachkompetenz für einen bestimmten Reparaturgegenstand aufgebaut werden soll, zum Beispiel, um Dritte bei Reparaturen unterstützen zu können, wählen Lehrende diesen Ansatz.

BEISPIELPROJEKT

Eine Lehrkraft arbeitet an einer Schule, zu der viele Schüler*innen mit dem Fahrrad fahren. Sie bildet ihre Schüler*innen aus, Fahrräder auf Verkehrssicherheit zu prüfen und typische Standardreparaturen an Fahrrädern durchzuführen. Im Frühjahr wollen sie den anderen Schüler*innen umsonst einen kleinen Fahrradcheck und Reparaturservice anbieten.

SYSTEMATISCH ODER FLEXIBEL

Beim lehrpersonorientierten Ansatz müssen Lehrende die Wahl der Reparaturgegenstände vorab einschränken. Können Lehrende sich auch **flexibel** zeigen und danach richten, was die pädagogische Wundertüte des Reparaturgegenstandes alles mit sich bringt? Das geht! Lehrende entwickelten Umsetzungsformen, die wir den schüler*innen-orientierten und den sozialintegrativ orientierten Lehransatz nennen.

systematisch → flexibel

SCHÜLER*INNENORIENTIERT

Wenn Lehrende die Kontrolle darüber abgeben, welche Reparaturgegenstände in das Angebot eingebracht werden, lauern jede Menge Überraschungen auf sie. Eine Möglichkeit, darauf einzugehen, ist, ein **sehr hohes Betreuungsverhältnis** zu wählen: »Da dürfen das pro Nase, die betreut, nicht mehr als drei oder vier sein.« Eine breit gefächerte Fachkompetenz der Lehrenden ist notwendig, um ähnlich dem Vorgehen im Repair-Café die Schüler*innen bei der Reparatur ihrer eigenen Gegenstände zu begleiten, wobei dies durch mehrere Lehrende gemeinsam abgedeckt werden kann. Sie müssen **auch spontan Ideen für ein passendes Vorgehen haben**: »Aber es gibt kein Curriculum im Sinne von: Erst lerne ich das, dann lerne ich das. Es macht keinen Sinn. Der eine kommt mit kaputten Kopfhörern, der andere mit einem CD-Player, wenn er noch so etwas hat, oder mit einem MP3-Player. Da gibt es keinen Ansatz mehr. Da muss man, wenn man es kann, auf seine Erfahrung zurückgreifen und im Rahmen des konkreten Projektes sagen: Das funktioniert so und so, wenn das jetzt nicht geht, musst du

»Wir machen gemeinsam länger nutzbar, was dir am Herzen liegt.«

da noch prüfen, dann machen wir das.« Die Lehrenden haben vielfältiges Spezialwerkzeug parat und sogar ein paar oft benötigte Ersatzteile. Je nachdem, welcher Defekt im Reparaturgegenstand schlummert, können sie spontan Hintergründe erläutern. Dabei gehen sie auf den vorhandenen Kenntnisstand der Schüler*innen ein.

Ähnlich wie im Repair-Café ist die Idee, dass Schüler*innen das Angebot **freiwillig wahrnehmen, wenn sie aktiv Unterstützung suchen**.

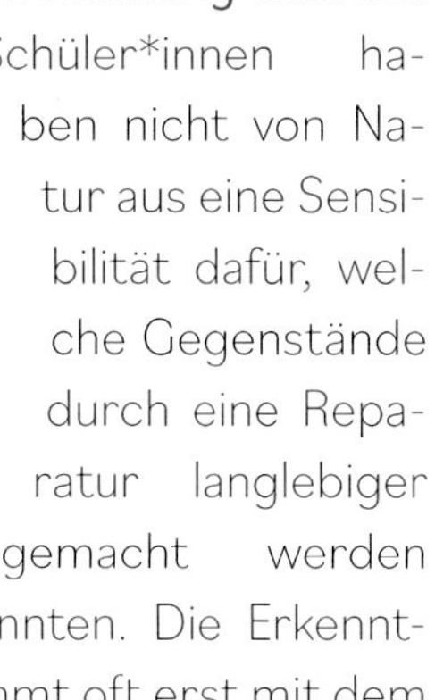

Schüler*innen haben nicht von Natur aus eine Sensibilität dafür, welche Gegenstände durch eine Reparatur langlebiger gemacht werden könnten. Die Erkenntnis kommt oft erst mit dem Erlernen von Reparaturmethoden. Eventuell ist das der Grund, warum diese Projekte Schwierigkeiten haben, sich zu etablieren. An einer Schule wurde das Angebot im Mittagsband eingestellt: »Das wurde nicht so richtig angenommen. Wir haben einfach festgestellt: Wenn wir von bestimmten Schülern wissen, dass sie schon Erfahrung und ein gewisses Know-how in einem Bereich haben und die dann dafür aus dem Unterricht rausnehmen können, funktioniert das einfach hier an der Schule besser.« An anderen Schulen läuft es aber als regelmäßiges Angebot am Nachmittag: »Ich wünsche mir schon, dass Schüler mehr Interesse haben. Das ist das Problem, das braucht relativ lang, bis sich das einspielt.« Außerdem ist es nicht das Gleiche, den Bedarf an einer Reparatur zu haben und sich dafür zu interessieren, wie etwas repariert werden kann. »Das ist dann manchmal FÜR andere Schüler gewesen, also nicht nur ihre eigenen Sachen.« Eine andere Möglichkeit ist, Schüler*innen im Pflichtunterricht darauf vorzubereiten, Reparaturgegenstände zu sammeln, durch Beispiele ihre Sensibilität zu erhöhen und nach der Unterrichtseinheit gemeinsam einen einmaligen Ausflug ins Repair-Café zu machen. Eine halbe Schulklasse trifft dort auf 10 Reparaturerfahrene, die alle unterschiedliche Fachbereiche und das dazugehörige Spezialwerkzeug haben: Holz, Textil, Elektronik o. Ä. Sie werden entsprechend ihrer Gegenstände aufgeteilt und bei der Reparatur begleitet, die in dieser Sitzung möglichst abgeschlossen wird. Doch auch in diesem Szenario berichten die Fachkräfte von einem Mangel an mitgebrachten Gegenständen.

Wenn Schüler*innen etwas zum Reparieren spontan mitbringen, dann oft aus einem akuten Bedürfnis heraus: »Das sind eigentlich so die Klassiker, Handydisplay, das ist runtergefallen, kaputt, oder Akkutausch. Das passiert auch. Oder Kopfhörerkabelbruch, das ist die zweite größere Gruppe. Das ist das Zeug, was die ständig nutzen und was auch ständig funktionieren soll.« Die Anfragen im Smartphone- und Laptop-Sektor sind nicht nur analoger, sondern auch digitaler Natur: »Jetzt habe ich noch einen neuen Kollegen, der ist halt sehr stark im Bereich PC, Programmierung, Fehlersuche, Installation und so. Sodass dann halt jeweils der mit einspringt, der dann auch die besten Fachkenntnisse in dem Bereich hat.«

Begriffliche Abgrenzung: In manchen Kontexten wird **»Schüler*innenorientierung«** mit der Schüler*innenzentrierung im konstruktivistischem Lernverständnis gleichgesetzt. Damit ist gemeint, dass die Lehrenden beachten, dass Schüler*innen ihre eigene Wirklichkeit konstruieren und dass diese herausgefordert werden sollten, ihre Perspektive zu hinterfragen und zu erweitern. Um das zu erreichen, sollten Schüler*innen kurz gefasst als aktive Teilnehmer*innen konstruierend am Unterricht partizipieren (Reich 2005). **Möglichkeiten der konstruktivistischen und schüler*innenzentrierten Gestaltung gibt es in allen Lehransätzen.** Der schüler*innenorientierte Lehransatz hat die Besonderheit, dass Schüler*innen mit ihren persönlichen Gegenständen und Fragen in das Angebot kommen, anstatt didaktisch ausgewählte Reparaturgegenstände und Themen zu bearbeiten.

ANLEITEND VS. ERMÖGLICHEND

In jedem Lehransatz ermöglichen Lehrende natürlich den Schüler*innen, zu lernen. Dabei können sie daran festhalten, die Träger*innen des Wissens zu sein, und die Schüler*innen anleiten, an ihrem Wissen orientiert zu handeln, oder diese Hoheit abgeben. Sie ermöglichen (engl. facilitate) den Schüler*innen einen Raum, um sich selbst zu informieren und Lösungsansätze auch über den eigenen Horizont hinaus zu suchen. Dadurch entstehen

neue Freiräume: Gemeinsam mit den Schüler*innen können sie sich auf eine Reise begeben, deren Ausgang sie noch nicht sicher kennen.

Den Unterrichtsansatz, in dem flexibel und ermöglichend gearbeitet wird, nennen wir »sozialintegrativ orientiert«.

SOZIALINTEGRATIV ORIENTIERT

Beim sozialintegrativen Lehransatz arbeiten Lehrende und Schüler*innen gemeinsam als Team zusammen, um die Reparatur zu meistern. »Bei einem meiner Kopfhörerkabel mit eingebautem Mikro, wo jetzt die fünf Kabelenden, die da unten rauskommen, an den Stecker angelötet werden oder so. Da habe ich genauso wenig Ahnung wie die Schüler*innen. Ich kann dann zeigen, wie Löten funktioniert, aber alles andere müssen sie selbst rausfinden.« Lehrende werden auch zu Lernenden, die von Schüler*innen etwas Neues gezeigt bekommen können, und Schüler*innen werden auch zu Lehrenden, die ihre Entdeckungen anderen gegenüber kommunizieren. Ich durfte sogar ein Projekt kennenlernen, bei dem auch der Initiator ein Schüler war und es gar keinen Lehrenden auf formeller Ebene gab. Ermöglichend agierte hier ein Raum in der Schule, in dem die Reparaturpraxis stattfinden und Material gelagert werden konnte. Der Reparaturgegenstand ist der Lernanlass, an dem sich jeweils eine Gruppe von ein bis drei Schüler*innen gemeinsam mit einer*einem Lehrenden abarbeiten, wobei die*der Lehrende in bis zu sechs Gruppen gleichzeitig Mitglied sein kann. Auch bei Gruppen von ungefähr 20 Schüler*innen gibt es Optionen: »Ich habe die Schülerinnen und Schüler in A- und B-Wochen unterteilt, sodass der Betreuungsschlüssel ausreichend ist.«

Lehrende beobachten, dass Schüler*innengruppen sich gegenseitig inspirieren, »dass die dann gesehen haben, was andere gerade reparieren, da auch Bock drauf bekommen haben und dann gesagt haben: Wenn wieder eine Nähmaschine kommt, dann möchte ich die aber oder so.« Die Auswahl der Reparaturgegenstände verläuft in Aushandlungen zwischen Schüler*innengruppen und Lehrenden, die je nach Fall verschiedene Überlegungen einbeziehen und Vorschläge machen. Zum Beispiel anhand von Begabung: »Also, wenn jemand so ein bisschen grobmotorischer ist, dem empfehle ich dann halt, der macht jetzt hier gerade aus den Dachlatten Ersatzteile für Aufbauten.«

Solange die Arbeitssicherheit gewährt ist, darf der Reparaturweg auch über den sicheren Hafen der Lehrendenexpertise hinaus verlaufen. Die Lernwege sind nicht determiniert, sondern werden gemeinsam gestaltet bzw. konstruiert. Die*Der Lehrende muss dabei im Blick behalten, dass Schüler*innen nicht überfordert werden. »Wir machen das gemeinsam mit den Schüler*innen indem wir uns über YouTube-Videos bilden. Aber das ist schon sehr begrenzt und mir auch teilweise zu heikel bei elektrischen Geräten, die mit höherer Netzspannung arbeiten.« Die Zusammenarbeit kann leichter fallen, wenn die Schüler*innen bereits systematisch und angeleitet Werkstatterfahrung gesammelt haben: »Das merkt man halt immer, ob man irgendjemandem erklären muss, wie der Messschieber funktioniert oder ob der schon im Metallkurs war und den einfach bedienen kann.« Von allen wird das Lernangebot als Experiment mit offenem Ausgang angenommen, bei dem Fehlschläge absolut dazugehören. Reparaturgegenstände werden

- von den Schüler*innen auf Streifzügen durch die Schule erobert,
- von Haumeister*innen, Werkstattleiter*innen oder Lehrkräften aus anderen Fachbereichen abgegeben,
- von Schulprojekten (Zoo/Garten/Theater/Musik) erzeugt,
- im sozialen Umfeld akquiriert und
- gelegentlich von den Schüler*innen selbst mitgebracht.

Nur in seltenen Fällen ist der Bedarf an Reparaturgegenständen so groß, dass die so erschlossenen Gegenstände nicht ausreichen. Das ist auch dann der Fall, wenn mensch bestimmte Reparaturgegenstände (wie 230-V-Geräte) ausschließt. Denn sozialintegrativ zu arbeiten, kostet Zeit. Das Suchen von Video-Tutorials, das Testen einer falschen Hypothese der Fehlerursache, das Bestellen des dritten Ersatzteils oder Spezialwerkzeugs, weil die ersten beiden doch nicht die richtigen waren: All das braucht eben eine Weile. Eine Reparatur kann sich gerne über

»Wir probieren alles und geben auf nichts Garantien.«

Schon wieder da falsche Ersatzteil bestellt.

Monate hinstrecken, wenn das Reparaturangebot nur einmal wöchentlich stattfindet. Die meisten Angebote finden **mit einer festen Gruppe über mindestens ein halbes Jahr** statt. Zusätzlich zu gutem Internet und digitalen Endgeräten für die Recherche wird ein flexibles Budget benötigt, von dem nach Bedarf Anschaffungen gemacht werden können. Das Scharnier dieses Schranks ist hin? Ein Ersatzteil muss her. Die Schraube im Toaster ist zu versteckt angebracht? Mensch braucht eine Verlängerung für den Schraubenzieher. Schulen haben zwar gewisse finanzielle Spielräume, aber Lehrende berichten, dass diese nicht den Bedürfnissen entsprechen: »Jetzt merke ich gerade, dass in der Reparaturwerkstatt, dass uns einfach so ein bisschen Geld fehlt, um flexibel zu handeln, dass man mal kurz zum Baumarkt rennt und was kauft, ohne das jetzt irgendwie bei der Schulleitung zu beantragen und auf den nächsten Finanzausschuss zu warten.«

Ein offenes Setting zu wagen, braucht auch Mut. Es kann Sicherheit geben, erst mal mit einem lehrpersonorientierten Ansatz Erfahrungen mit dem Reparieren zu sammeln oder den Austausch mit anderen zu suchen: »Ich hatte schon immer so im Hinterkopf, dass es eigentlich cool wäre, das zu öffnen, so eine ganz offene Reparaturwerkstatt zu machen. Das habe ich mich aber nie so richtig getraut. [...] Ich habe mich dann erst mal mit der Fahrradwerkstatt vorgetastet. Und den entscheidenden Anstoß hat dann eigentlich gegeben, dass ich von euch gehört habe, dass es funktioniert.« Die Öffnung kann auch im Kleinen beginnen, spontan aus einer Situation heraus.

Einen gemeinsamen Rahmen erhält der Kurs, indem vor und nach dem Reparieren alle zusammenkommen, besprechen, was sie vorhaben bzw. geschafft haben, womit sie das nächste Mal weitermachen wollen und was sie beschäftigt. Eine (digitale) schriftliche, fortlaufende Dokumentation ist dafür sehr nützlich und führt auch vor Augen, wie viel schon geschafft wurde. Gern genutzte Tools sind Online-Excel-Tabellen und die Web-Applikationen Notion und Trello.

ZUSAMMENFASSUNG

Die Lehransätze unterscheiden sich darin, wie (systematisch/flexibel) sie technische Kompetenzen vermitteln und ob sich die Lehrenden in ihrer Rolle als anleitend/ermöglichend verstehen. Die Auswahl des Lehransatzes steht in der Praxis in Zusammenhang mit der Quelle der Reparaturgegenstände, dem Betreuungsverhältnis, der Fachkenntnis der Lehrenden, der räumlichen und finanziellen Ausstattung und den Schüler*innen.

Alle Lehransätze bieten wertvolle Lernchancen. Bei allen Lehransätzen werden Schüler*innen reparierend aktiv. Achten Sie bei der Wahl Ihres Lehransatzes darauf, eine Atmosphäre zu schaffen, in der Sie den Schüler*innen **Prozessfeedback** geben können, das Informationen zu der Bewältigungsstrategie und der Selbstregulation der Schüler*innen enthält, statt nur Ergebnisse zu bewerten. Außerdem ist wichtig, dass das **erfolgreiche Beenden einer Reparatur nicht mehr** als der Lernprozess bei den Schüler*innen **in den Fokus** rückt. Bei Problemen mit diesen Grundpfeilern guten Unterrichts könnte ein Wechsel des Lehransatzes helfen.

ermöglichend

sozialintegrativ orientiert

systematisch

flexibel

lehrpersonorientiert

anleitend

schüler*innenorientiert

FAHRRAD

Fahrräder waren in meiner Untersuchungsgruppe die beliebtesten Reparaturgegenstände. Sie sind leicht verfügbar und die Reparaturen sind einigermaßen planbar. Aber auch bei der Fahrradreparatur lauern Tücken.

»FAHRRADLEICHEN« ÜBERALL

Die Verfügbarkeit von überholungsbedürftigen »Fahrradleichen« ist oft ein erster Grund, sich für ihre Reparatur zu entscheiden. An manchen Schulen finden sich Schätze direkt im Keller, andere fragen bei der örtlichen Polizei oder der Wohnungsbaugenossenschaft nach – und werden dort meist fündig und sogar beliefert. »Die waren aber teilweise in einem so desolaten, verrosteten Zustand, da gab es große Probleme«, berichtet ein Lehrender.

Außerdem ist der Besitz von Fahrrädern sehr weit verbreitet, auch bei Privatpersonen gibt es viel Reparaturbedarf. Doch nicht an jeder Schule fahren viele Schüler*innen Fahrrad: »Leider muss ich sagen: Ein Großteil unserer Schüler*innen kommt mit den Öffentlichen und ein kleinerer Teil wird jeden Morgen gefahren.« Für Schulausflüge mit dem Fahrrad entsteht unter Umständen auch ein dringender Fahrrad-Überholungsbedarf, der sich gemeinsam mit den Schüler*innen decken lässt:

»Also alle, die von zu Hause kein geiles Fahrrad mitbringen, müssen wir von hier ausstatten können. Und dann haben wir angefangen, immer in Projektwochen oder so Räder zu reparieren. [...] Uns ist wichtig, dass es doch bei keinem Schüler am Material scheitert, dass er nicht mitfahren kann.«

An einer Schule wurden die Checks von den Fahrrädern der Schüler*innen für Schulausflüge zu einem wichtigen Standbein der Reparaturinitiative: »Check mal 25 Fahrräder durch, das ist verdammt viel Arbeit. Vor allen Dingen hat ja auch jedes Fahrrad irgendein Wehwehchen. Und trotzdem war das so, wenn ich dann von Anfang an gesagt habe, da kommen jetzt Schüler, die helfen mit, also aus jeder Klasse kommen dann auch Schüler, die helfen mit, und dann machen wir das gemeinsam. Das hat am besten gefruchtet. Dadurch sind viele geblieben.«

Eine Konkurrenz zu Fahrradläden bedeutet ein Reparaturprojekt an Schulen meist nicht. Im Gegenteil: Es gibt zahlreiche Fälle, bei denen Fachkräfte von Fahrradläden für ein kleines Honorar gerne an den Schulen mit ihrem Fachwissen ausgeholfen haben. Eine breitere Reparaturbildung in Bezug auf Standardreparaturen am Fahrrad ist auch von ihrer Seite wünschenswert, auch schon wegen der Verkehrssicherheit. Fahrradläden haben oft auch defekte Schläuche abzugeben, die Reparaturprojekte vor der umweltintensiven Entsorgung retten können. Eine Schule hat in Fahrradläden in der Umgebung 150 Stück gesammelt und geflickt!

PLATZBEDARF

Dem größten Vorteil von Fahrrädern als Reparaturgegenstand möchte ich direkt den größten Nachteil entgegenstellen: Sie brauchen enorm viel Platz. Meistens muss im Außenbereich der Schule eine geeignete Lösung für die Lagerung geschaffen werden, denn mit ein bis zwei Fahrrädern ist die Sache meist nicht getan. Eine Lehrende berichtet, sie **hätten 20 bis 30 Fahrräder gelagert**: um Auswahl zu haben und auch, weil die Qualität von manchen so schlecht war, dass sie nur als Ersatzteillager dienen. Der Platz wurde an der Schule im Außenbereich mit Gittern abgezäunt.

Ist der Lagerplatz gefährdet, steht unter Umständen das ganze Projekt infrage: »Wir haben immer noch keinen Raum und es kommt jetzt sogar noch schlimmer, weil wir ja zwischenzeitlich die Fahrräder in der Sporthalle zwischenlagern konnten. Und da wurde uns jetzt klar kommuniziert, dass das wahrscheinlich das letzte Schulhalbjahr ist, wo wir das machen können, [...] und dann ist die Kacke eigentlich schon am Dampfen.«

REPARATUREN

Ein Lehrender nennt Kompetenzen zur Fahrradreparatur, »was die Mechanik anbelangt, erschwinglich« und meint damit, dass es leicht ist, Kontakt zu Menschen zu finden, die entsprechende Fachkompetenzen haben: ob nun professionell gelernt oder selbst beigebracht.

Tatsächlich trauen sich auch schon Schüler*innen oder Student*innen die Anleitung von Fahrradreparaturen selbstständig zu, wenn sie sich vorab intensiv mit dem Reparaturgegenstand auseinandergesetzt haben: »Also YouTube brauchte ich eher bei schwierigen Reparaturen wie beispielsweise der Gangschaltung. Aber die Bremse einzustellen, da habe ich mir einfach selber angeguckt, wie das geht, weil das nur zwei Rädchen sind und das nur ein Drahtseil ist, das zwischen Hebel und Bremse verbindet. Und da konnte ich mir irgendwie erklären, dass wenn ich die Schraube rausdrehe, dass der Zug dann kleiner wird und dadurch die Bremse enger und wenn ich sie reindrehe, dass die Bremse weitergeht.« So mancher hat das Handwerk in Werkstattinitiativen von anderen Fahrradbegeisterten gelernt.

Inspiriert von solchen Geschichten traute sich auch ein Lehrender an Fahrradreparaturen, der schon allerlei Reparaturgegenstände in seinem Reparaturkurs erfolgreich behandelt hatte, sich aber bei Fahrädern im Speziellen nicht so gut auskannte. Er stellte fest, dass Fachkenntnis für die Begleitung der Schüler*innen unabdingbar ist.

Das Fahrrad macht es aber in dem Sinne leichter als manch anderer Reparaturgegenstand, weil es da gewisse Standardbauteile und damit Standardreparaturen gibt, die sich immer wiederholen, die man einüben und dann immer wieder durchführen kann. »Man kann sagen, dass gewisse Operationen, sag ich jetzt mal, als ein Repetitiv gelten, also was wie zum Beispiel Öl nachfüllen, so quasi eine Kette nachölen und irgendwie Mantel flicken bzw. Räder austauschen. Das ist dann fast jede Stunde so«, sagt ein Lehrender.

Ein Beispiel für eine selbst entwickelte Checkliste findet sich hier: http://fahrradwerkstatt.dahlem.waldorf.net/downloads/Checkliste_2013-03-13.pdf

FAHRRADREPARATUR ON THE GO SELBST LERNEN?

»Also, wir sind wieder so rangegangen wie damals mit dem eigentlichen Repair-Café davor. Dass wir einfach ausprobieren, dass wir schauen: Gibt es Anleitungen im Internet, bei YouTube oder irgendwas: Wie repariere ich Fahrräder? […] Haben angefangen oder **wollten** anfangen zu reparieren und sind dann ziemlich schnell an Grenzen gestoßen, weil wir gemerkt haben, **so einfach wie es im Video dargestellt ist, ist es ja doch nicht, oder?** Wenn wir halt Ersatzteile gekauft hatten, mussten wir feststellen, ah ne, so einfach ist es ja nicht. Es ist ja nicht so: Man holt jetzt einen Bowdenzug, sondern die gibt es ja in verschiedenen Stärken, in verschiedenen Längen. Und welcher muss dann da nun genau ran? Dann hat man den falschen gekauft und man hat sich geärgert. Und war dann aber genauso schlau wie vorher. Und die Räder, die wir bekommen, entweder von Genossenschaften oder von der Polizei, die sind ja Fahrradleichen. Das heißt, da fehlen auch manchmal einfach viele Teile. Und wenn man nicht weiß, was da vorher dran ist oder was da in der Regel reingehört, dann weiß man nicht, was man nachgucken muss. Das ist dann teilweise schon ein Problem. Und da merkt man einfach: Da fehlt einfach die Erfahrung. Deswegen war dann der Entschluss da, eine Fachkraft zu finden, und deswegen war ich dann megahappy, als ich [jemanden gefunden habe].«

Das ist ein Potenzial, das sich viele didaktisch zunutze machen, zum Beispiel mit Plakaten, die Übersichten über Bauteile und Werkzeuge bieten. Oder indem sie mit den Schüler*innen eine Checkliste anfertigen, was an einem Fahrrad alles zu checken und zu machen ist, und diese dann sukzessive weiterentwickeln. Andere Schülerprojekte füllen gemeinsam eine Datenbank mit Beschreibungen der Reparaturen.

Dass es viele Standardreparaturen am Fahrrad gibt, hat aber didaktisch auch Nachteile: »Das sind jetzt immer noch acht Schläuche, die gemacht werden müssen. Und ich will die Kinder nicht unterfordern dadurch, dass sie jede Woche immer nur Schläuche flicken«, reflektiert ein Lehrender.

WERKZEUG UND FINANZEN

Während die Schüler*innen vor allem die Kettenpeitsche lieben, können Lehrende nicht genug Montageständer haben. Auch ein hochwertiges Schlüsselset wird sehr geschätzt. Ihr werdet lachen, aber in zwei Projekten wurde zunächst bei der Werkzeugbeschaffung die Luftpumpe vergessen. Ein Lochschnüffler hilft, Löcher im Schlauch ohne Sauerei mit Wasserbecken zu finden.

Ein paar Ersatzteile vorrätig zu haben, kann den Reparaturfluss deutlich erleichtern. Das Schöne ist bei Fahrädern ja aber, dass man auch bei einem nahe gelegenen Fahrradladen oder Baumarkt das gefragte Stück oft schnell verfügbar hat. Die Kostenübernahme von Ersatzteilen sollte man am besten im Vorhinein klären. Zum Beispiel durch die Besitzer*innen oder durch Schüler*innen, die das überarbeitete Fahrrad mit nach Hause nehmen wollen: Auch ein Verkauf von überarbeiteten Fahrrädern auf dem Flohmarkt kann die Ersatzteilkasse wieder auffüllen.

Bei der Leistung für Dritte ist es immer wichtig zu betonen, dass es sich um eine Leistung von Schüler*innen handelt, die nach bestem Wissen und Gewissen durchgeführt wurde, aber das Ergebnis auch in puncto Sicherheit nicht mit der Leistung von ausgebildeten Fahrradmechaniker*innen zu vergleichen ist.

RUND UM HAUS UND HOF

Rund um Haus und Hof eines Schulgebäudes gibt es in der Regel viel Reparaturpotenzial. Um dies aufzudecken, kann die Lehrperson mit Kolleg*innen und Hausmeister*innen in Kontakt treten. Eine andere Möglichkeit ist, den Schüler*innen diese Aufgabe zu überlassen: »Die laufen dann wirklich wie die Hausmeister durchs Haus und gucken überall, wo auch noch was nicht funktioniert. Und das macht total Spaß. Die haben dann auch kein Problem damit, in eine Klasse zu gehen und zu fragen: Ja, wir wollen hier mal was reparieren, geht das jetzt?« Die Schüler*innen empfänden diese Freiheit als »Privileg«, so beschreiben es zwei Lehrende, die sich im Bereich »rund um Haus und Hof« engagieren. »Wenn dann halt zwei Schüler, die jetzt irgendwelche Soundtechnik-Sachen repariert haben, sich meinen Schlüssel schnappen und dann eine ganze Stunde in einem leeren Musikraum sind und da alles Mögliche testen und ausprobieren und so, ja, also dann genießen die schon auch das Vertrauen und das wird auch bisher nicht missbraucht.«

Der Zugang zu Schulräumen ist nicht immer gegeben, Gegenstände in Fachsammlungen werden zu bestimmten Zeiten benötigt und Reparaturkapazitäten müssen geplant werden. Reparaturen im Schulgebäude erfordern deshalb einen höheren Organisationsaufwand als Reparaturgegenstände, die für eine gute Verfügbarkeit in der Reparaturwerkstatt gelagert werden können. Während manche Schüler*innen die Störung des laufenden Unterrichts anderer sogar genießen, ist es anderen unangenehm. Auch im anderen Unterricht sind Störungen nicht immer willkommen. Durch gute Planung können solche Situationen aber überwiegend vermieden werden.

WAS FINDET SICH?

Im Schulgebäude finden sich häufig defekte Stühle oder Türen. Auch ein Schrank, der in einem Raum abgebaut und in einem anderen Raum wieder aufgebaut werden musste, war dabei.

Ein Reparaturkurs hat auch ein Schulzimmer renoviert: »Zunächst haben wir so einzelne Stellen ausgebessert und es hat denen total Spaß gemacht. Manchmal sind es die einfachen Dinge, die die Schüler*innen so erfreuen, es ist ganz erstaunlich.«

In den Fachräumen finden sich oft wahre Schätze. Im Musikraum die Gitarre, bei der die Stege neu verleimt werden müssen, damit die Saiten wieder gut anliegen. Oder ein Metallteil an der Fußmaschine eines Schlagwerks, das ersetzt werden muss.

In zwei Schulen war das Gummiband des Bandgenerators aus der Experimentiersammlung Physik verschlissen. Es handelte sich um einen verbreiteten Versuchsaufbau zu induziertem Strom.

Das Ersatzteil war nur beim Hersteller erhältlich und hatte in einem Fall nicht die richtige Länge, sodass der Bandgenerator umgebaut werden musste. Auch ein Kugelstoßpendel musste erneuert werden. Eine Chemiesammlung hatte Molekülmodelle, die sich vom Klebstoff gelöst hatten. Am häufigsten sind Nähmaschinen und Schürzen aus dem WAT-Unterricht repariert worden.

REPARATUREN

So individuell wie die Reparaturaufträge sind auch die Reparaturwege. Video-Tutorials findet man nicht immer: »Das sind wirklich so Dinge, wo man oft einfach gemeinsam überlegt: So, wie könnte man das jetzt machen? Für ein Musikinstrument, bei dem jetzt irgendwas abgebrochen ist, findet man nicht so spezielle Videos.« Oft bleibt es auch nicht bei einem geplanten Arbeitsprozess. Bei der Reparatur eines Korbstuhls mit Holz stellten die Schüler*innen zum Beispiel deutliche Einbußen in der Bequemlichkeit fest und entschlossen sich, noch ein Kissen zu produzieren, damit man gemütlich sitzen kann.

WERKZEUG UND FINANZEN

Steck- und Schraubenschlüssel, Sägen, Akkuschrauber, Bohrmaschinen und Schleifmaschinen werden häufig verwendet: je nach Verfügbarkeit auch gerne mehr Werkzeug. Zwei Projekte haben so oft Nähmaschinen im Einsatz gehabt, dass eine eigene Nähmaschine für den Reparaturkurs beschafft wurde, um das ständige Ausleihen einer Maschine aus der Textilwerkstatt zu vermeiden. Verbrauchsmaterialien sind vor allem Befestigungsmittel wie Schrauben, Kleber, Kabelbinder und Panzerband, aber auch Lösungsmittel, Farben und Putzlappen. Von Vorteil ist, wenn ein Arbeitsplatz mit Computer oder Tablet sowie Schutzkleidung zur Verfügung stehen. In einer gut ausgestatteten WAT-Werkstatt sollte das Nötigste vorhanden sein.

Je nach Reparatur müssen Ersatzteile individuell beschafft werden, ein Lehrender berichtet von seinen Erfahrungen damit:

»Wir haben ganz in der Nähe einen Obi und das ist Gold wert. Und das ist auch immer ganz cool.«

Die Schüler*innen haben dann immer die Aufgabe, benötigte Dinge vorher im Tablet auf der Obi-Seite zu suchen, damit sie genau wissen, was sie suchen, und sich das aufschreiben, damit sie dann mit genau der Beschreibung zu den Verkäufer*innen gehen und fragen können, wo sie das Benötigte finden. Einige Ersatzteile finden die Schüler*innen aber nur zum Bestellversand: »Neulich hatten wir so Ersatzteile für Luftpumpen, die waren leicht online zu finden. Die haben die im Unterricht rausgesucht und ich habe die bestellt.« Spezielle Ersatzteile für irgendwelche Experimentiergeräte aus der Physik finden die Schüler*innen nicht ohne Unterstützung.

Der zunächst erfolgreiche Versuch, einen Oldtimer zu reparieren, der von einem Elternteil zur Verfügung gestellt wurde, scheiterte schließlich an den Ersatzteilkosten. Schon bei alltäglichen Gegenständen sind die Kosten für Ersatzteile nicht zu verachten. Von Knöpfen über Stickgarn, Holz und Spezialkleber kommt besonders in der Anfangszeit ein stattlicher Betrag zusammen, dessen Finanzierung gesichert sein sollte.

ELEKTRONIK

ELEKTRONIK REPARIEREN? DÜRFEN DA NICHT NUR PROFIS RAN?!

Elektronik reparieren? Das klingt erst mal kompliziert. Viele Menschen haben große Berührungsängste, wenn es darum geht, elektronische Geräte zu reparieren. Die Sorge, etwas kaputtzumachen, sich einen Stromschlag zu holen oder einfach gar nicht erst zu wissen, was an dem elektronischen Gerät überhaupt kaputt ist – all das hält Menschen von der Reparatur ab. Und doch haben viele von uns wahrscheinlich schon einmal ein Elektronikgerät repariert. Denn unser Leben und unser Alltag sind voll von Elektronik: sei es das Handy, der Laptop, der Wasserkocher oder die Waschmaschine. Und wenn eines dieser Geräte mal den Geist aufgibt oder das Display zerspringt, hat die/der eine oder die/der andere bestimmt schon einmal zum Tesafilm gegriffen, um das Display zu fixieren, oder eine Antikalk-Tablette in den Wasserkocher geschmissen.

UND DAS SOLL REPARATUR SEIN? VON ANTIKALK-TABLETTEN BIS ZUM TESAFILM

Besonders bei Elektronik ist es wichtig, Reparatur als einen vielseitigen Prozess zu verstehen, der das Ziel hat, ein Gerät länger am Laufen zu halten. Löst man sich von einem engen Reparaturverständnis, kann die Reparatur von Elektronikgeräten als Auseinandersetzung mit der Materialität und Funktionalität eines Geräts verstanden werden. Dabei geht es auch darum, das elektrische Gerät an aktuelle und zukünftige Anforderungen anzupassen bzw. passend zu halten. Solche Reparaturarbeiten können zum Beispiel eine intensive Reinigung, ein kreatives Nachbauen von fehlenden Teilen oder ein Software-Upgrade umfassen. Hierfür sowie für den Austausch von Bauteilen braucht es meist keine besonderen »Technik-Skills«. Denn um eine Waschmaschine zu reinigen oder einen schwachen Handyakku oder ein kaputtes Display auszutauschen, muss weder ein Schaltplan gelesen werden noch verstanden werden, wie eine Diode funktioniert. Nicht zu vergessen: Besonders wenn es um schnelle Reparaturlösungen geht, gelten auch bei Technikgeräten die bewährten Mittel – Sekundenkleber und Tesafilm.

5 KATEGORIEN DER ELEKTRONIKREPARATUR

Grundsätzlich wird bei Elektronikgeräten zwischen der Hardware (der materiellen Hülle, zum Beispiel Laptop als Gegenstand) und der Software (dem programmierten Inneren, zum Beispiel das Betriebssystem Linux) unterschieden. Manche Geräte besitzen nur eine Hardware (zum Beispiel ein Wasserkocher). Immer mehr elektrische Geräte werden »smart« gebaut und besitzen eine zusätzliche Software (zum Beispiel moderne Waschmaschinen, die sich mit einer App steuern lassen). Beim Reparieren von Elektronik kann also die Hardware oder die Software (oder beides) auf unterschiedliche Weisen bearbeitet werden. Die Reparaturvorgänge können grob in fünf Kategorien eingeordnet werden: 1 Reinigen und schmieren, 2 Basteln und DIY, 3 Aufmotzen und upgraden, 4 Teile ersetzen und 5 Elektronische Reparatur.

Fünf Kategorien der Elektronikreparatur, basierend auf den Erfahrungsberichten der Onlinekampagne »LangLebeTechnik«

	1 REINIGEN UND SCHMIEREN	2 BASTELN UND DIY
MOTTO	Putzen, putzen, putzen!	Sei kreativ und do it yourself!
BEISPIELE	➤ Geräte komplett reinigen (Waschmaschine, Kaffeemaschine Wasserkocher) ➤ Motoren reinigen (Handmixer) ➤ Mechanik neu schmieren (Toaster, Heizlüfter)	➤ Tastatur vom Taschenrechner nachschnitzen ➤ Zahnrad von Nähmaschine nachbauen lassen ➤ Display des Smartphones mit Tesafilm befestigen ➤ Löten des Kopfhörerkabels, fehlende Ersatzteile mit 3-D-Drucker drucken
WAS BRAUCHT ES DAFÜR?	➤ Passendes Reinigungsmittel und viel Geduld	➤ Kreativität und Durchhaltevermögen! ➤ Ein Zugang zu 3-D-Druckern, FabLab hilft. ➤ notfalls Sekundenkleber
HARDWARE VS. SOFTWARE?	Hardware	Hardware

3 Aufmotzen und Upgraden	4 Teile ersetzen	5 Elektronische Reparatur
The sky ist the limit – und Hardware nur eine Hülle!	Da findet sich schon der passende Ersatz!	Gib mir den Schaltplan, ich finde das Problem!
Geräte »hochrüsten« mit: ➤ mehr Arbeitsspeicher (RAM) ➤ besseren Prozessoren ➤ neues Betriebssystem (Laptop, PC, Handy) ➤ Bluetooth-Receiver nachträglich einbauen (Stereoanlage) ➤ Gerät internetfähig machen mit Raumfeld-Adapter (Stereoanlage)	➤ schwache/kaputte Akkus austauschen (PC, Laptop, Handy, Taschenrechner) ➤ kaputte Kabel auswechseln (Drucker, Tastatur, PC, Waffeleisen) ➤ Einzelteile ersetzen (Deckel vom Eierkocher)	➤ Fehlerbehebung dank Schaltplan: Dioden im Radio gewechselt ➤ Netzteilkondensator gewechselt
➤ neue Software bzw. Adapter ➤ Werkzeug zum Öffnen der Hardware	➤ Ersatzteile (!) ➤ Werkzeug zum Öffnen der Hardware ➤ eine Schritt-für-Schritt-Anleitung/ein Video hilft (es gibt sehr viele gute online)	➤ Das nötige Know-how für die Auseinandersetzung mit kaputter Elektronik. ➤ Ein Schaltplan erleichtert die Fehlerdiagnose.
Software (Hardware muss dafür oft geöffnet werden)	Hardware, manchmal auch Software	Hardware und Software

Planen Sie, ein Elektronikgerät aufzuschrauben (auch bei der Fehleranalyse), sollte zunächst geprüft werden, ob das Elektronikgerät noch Garantie hat. Sollte dies der Fall sein, so bietet es sich an, auf die Garantie zurückzugreifen. Denn durch das selbstständige Aufschrauben/Reparieren geht der Anspruch auf die Garantie verloren.

Diese Analyse stützt sich auf Daten aus über 140 Berichten zu Reparaturerfahrungen mit Elektronikgeräten. Hier mehr zum Weiterlesen:

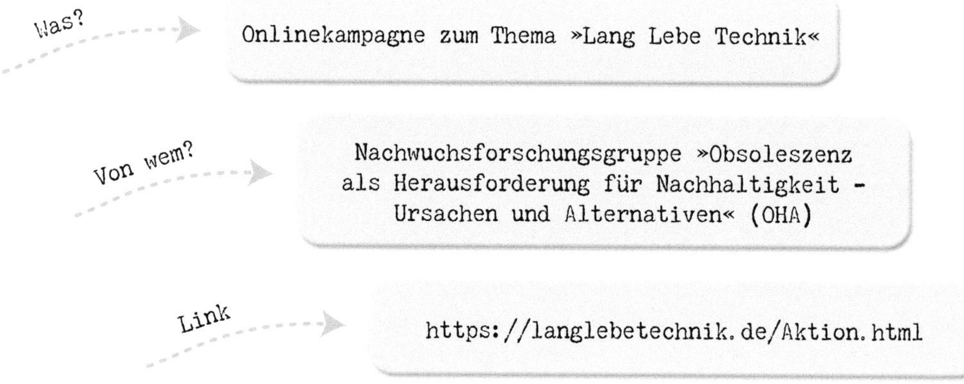

230-V-GERÄTE

Geräte mit 230-V-Netzstecker sind offenbar das große Streitthema, das die Reparaturinitiativen an den Schulen spaltet. Die einen lehnen die Annahme von Reparaturgegenständen mit Netzstecker kategorisch ab, die anderen halten sie für die am häufigsten zu reparierenden Gegenstände und räumen ihnen die größte Relevanz unter den Reparaturgegenständen ein. Und es stimmt: Haushaltselektronik ist die am häufigsten reparierte Gegenstandsgruppe in Repair-Cafés. Das macht sie aber nicht automatisch zum Pflichtprogramm in Schulen. Schauen wir genauer hin.

REPARATURBERICHT ELEKTROMOTOR

»Ein Kunde kommt mit einem Elektromotor und berichtet, dass er sich nicht mehr dreht. Müssen die Schüler*innen die physikalischen Zusammenhänge der Magnetfelder verstehen, um hier den Fehler zu finden? Wahrscheinlich nicht. Wie bei einfacheren Geräten können sie zunächst den Stromkreis überprüfen: mit der normalen Spannung von sechs Volt, die das Gerät hat. Ist überall eine leitende Verbindung mit einem passenden Widerstand? Und beim Motor kannst du deine Erfahrung einbringen: Die Kohlebürsten sind Standard-Verschleißteile, die müssen eventuell ausgetauscht werden.«

Die große Angst beim Umgang mit Netzspannung ist natürlich die ultimative Angst: Der Tod lauert im schlimmsten Fall unsichtbar in Kabeln und Kondensatoren. »Stellen sich dir da nicht die Nackenhaare auf?«, fragt mich eine Lehrerin, die selbst keine Elektroexpertin ist und das Arbeiten mit 230-V-Geräten kategorisch ablehnt. Außerdem dürfe man das in der Schule gar nicht.

Dass Schüler*innen nur in der Oberstufe und auch nur in begründeten Ausnahmefällen mit 230 V experimentieren dürfen, ist richtig. Aber kann man es als Experimentieren mit 230 V

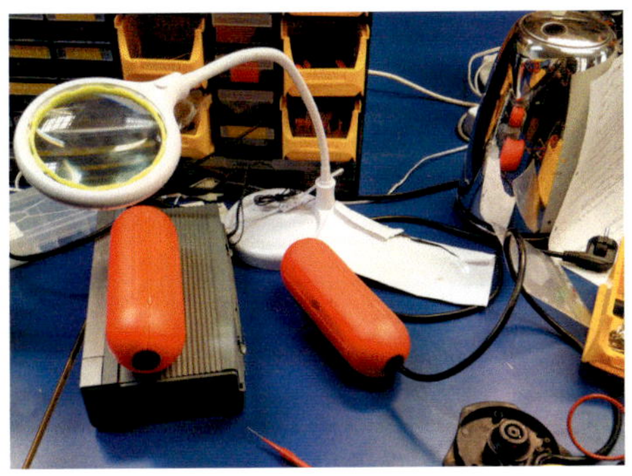

bezeichnen, wenn man angetrocknete Waffelteig an der Innenseite eines Handrührgerätes abschabt? Wenn man an einer Nähmaschine die Schraube für die Unterfadenspannung austauscht? »Die Elektronik geht in 95 Prozent der Fälle nicht kaputt«, sagt dazu ein Lehrer, der sich in seinem Reparaturkurs auf 230-V-Geräte spezialisiert hat. Gerade arbeiten seine Schüler*innen an

- einer Schreibmaschine: das Öl im Elektromotor ist verharzt und der Motor dreht sich nicht mehr,
- an der Glühbirnenfassung einer Stehlampe, die vom Rost befreit werden muss,
- an einem Wasserkocher, dessen Schalter klemmt,
- einem Verstärker, bei dem der Fehler nicht gefunden werden konnte und der wieder zusammengebaut werden muss.

Es handelt sich überwiegend um Typ 1 »Reinigen und Fetten« und Typ 2 »Basteln und Tüfteln« der Elektronikreparatur. Der Lehrende ließ sich erst auf die Reparaturwerkstatt ein, als er eine Idee hatte, wie er sicherstellen konnte, dass die Schüler*innen nicht im Eifer des Gefechts selbst einen Stecker in die Steckdose stecken, um die Funktion zu testen: Schutzhüllen für Verlängerungskabel im Außenbereich, die man für wenige Euro kaufen kann.

Im Reparaturraum wird ein Arbeitsplatz eingerichtet, an dem die Geräte ans Netz angeschlossen und getestet werden. Und das darf nicht jeder: Das darf nur eine elektrotechnisch unterwiesene Person oder eine Fachkraft. Manchmal haben Hausmeister*innen eine solche Qualifikation oder ehrenamtliche Helfer*innen (Physik-)Lehrerinnen und Lehrer mit entsprechender Vorbildung können an einer EuP-Schulung teilnehmen und sich so für die Sicherheits- und Funktionsprüfung von 230-V-Geräten qualifizieren.

Nach einer ersten Prüfung des Gegenstandes bringt die elektrotechnisch unterwiesene Person am Netzstecker

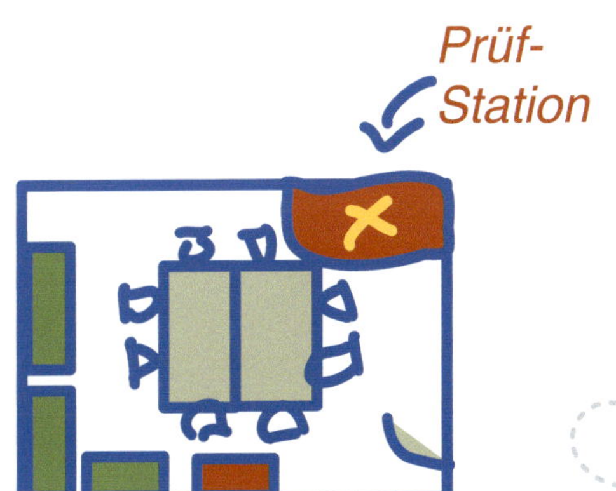

Der Stecker kann nicht eingesteckt werden.

des Gegenstandes einen »Sicherheitsgurt« in Signalfarbe an: Die Schutzhülle schließt sich mit einem lauten und eindeutigen Vierfachklick. Ein erhobener Zeigefinger und das deutliche Warnsignal »Dieser Stecker darf nicht selbst eingesteckt werden«. Erst wenn der Reparaturversuch abgeschlossen ist und der Gegenstand wieder vollständig zusammengebaut ist, darf er zurück an den Prüfplatz. Hier darf nur die elektrotechnisch unterwiesene Person die Schutzhülle vom Netzstecker lösen und eine Prüfung nach allen Regeln der Arbeitssicherheit durchführen. Besteht der Gegenstand die Prüfung, kann er künftig gefahrlos verwendet werden. Entsprechende Formulare für diese sogenannte »Ein- und Ausgangsprüfung« nach DIN-Norm finden Sie auf der Seite des Netzwerkes Reparatur-Initiativen.

MIT ALLEN SINNEN TESTEN

»Und es ist eigentlich das Schöne für den Physikunterricht sozusagen, dass, wenn du das Gerät erst mal offen hast, dann sind die meisten Defekte, sind dann ja durch das Auge erfahrbar oder durch Geruch, weil irgendein Plastikteil gebrochen ist, oder was verschmort.«

Ein paar Lehrende und Helfer*innen aus Repair-Cafés konnten sich für diesen Ansatz begeistern. Er beruhigte die Lehrerende, die 230-V-Geräte kategorisch ausschloss, aber nicht. Sie stellt sich vor, wie Schüler*innen zu Hause die Kaffeemaschine reparieren wollen, aber vergessen, den Stecker zu ziehen. »Und natürlich möchte ich Kinder und Jugendliche nicht in irgendeiner Form […] in so eine Gedankenwelt hinein verleiten, dass sie das machen können, alleine.« Auch die Lehrenden, die vor 230-V-Geräten nicht zurückschrecken, haben Respekt. Es ist ihnen wichtig, einen gründlichen Elektrotechnik-Vorkurs zu machen, in dem auch die Risiken aufgezeigt werden. Sie sagen, dass sie im Anschluss ihren Schüler*innen einen sicheren Umgang mit der Materie zutrauen. Ein Lehrender sagt, er findet es ideal, dass er die Schüler*innen aktuell auch in Physik hat, er kann das dann im Unterricht intensiv aufgreifen.

Ein entscheidender Faktor, ob man diese Art von Reparaturen fachgerecht durchführen und die Sicherheit richtig beurteilen kann, ist sicherlich die Ausbildung der Lehrenden. Vielleicht ist es kein Zufall, dass alle im Rahmen des Forschungsprojektes interviewten Lehrkräfte, die über den Typ 5 »Reparaturen an Elektrik« berichteten, eine Ausbildung als Elektriker*innen absolviert hatten.

WOHER DIE GERÄTE NEHMEN?

Kaputte Elektrogeräte gibt es wie Sand am Meer. In der Schulfamilie, bei nebenan.de oder in Kleinanzeigen wird man zum Beispiel fündig. Auch Kooperationen mit Abfallbetrieben sollen in Zukunft gesetzlich einfacher werden.

Einige Lehrende, die sich nicht zutrauen, selbst eine Funktionsprüfung der Elektrik durchzuführen, akzeptieren auch 230-V-Geräte, machen dann aber aus Sicherheitsgründen Einschränkungen bei Typ-5-Reparaturen: »Wenn ich jetzt etwas habe, dann schaue ich: Gibt es vielleicht ein mechanisches Problem, irgendein abgebrochener Knopf oder so? Aber direkt an die Elektronik gehe ich [ohne Elektrofachkraft an meiner Seite] nicht mehr ran, weil mir das oft zu heiß wird. Also, wenn ich da keine Ahnung habe, wegen der Sicherheit einfach ja.« Auch in diesem Fall ist es entscheidend, dass die Schüler*innen die Unterscheidung zwischen potenziell gefährlichen und sicheren Arbeitsweisen verstehen. 230-V-Geräte sind also nicht für eine einmalige Reparaturaktion geeignet, aber für einen regelmäßigen Reparaturkurs valide.

IST ES RATSAM, MIT MIKROWELLEN ZU ARBEITEN?

Wenn Sie diese Frage nicht sofort mit einem klaren »Nein« beantworten können, sollten Sie 230-V-Geräte besser ganz ausschließen. Das ist ein Zeichen dafür, dass Ihnen die nötige Fachkompetenz fehlt. Mikrowellengeräte enthalten Kondensatoren, die hohe Spannungen speichern. Das ist notwendig, um den Schwingkreis für die Mikrowellen zu bilden, birgt aber die Gefahr eines schweren Stromschlags, wenn man das Gerät unbedacht auseinandernimmt.

SMARTPHONES

In einer zunehmend digitalisierten Welt sind Smartphones für Schüler*innen nicht nur Kommunikationsmittel, sondern auch Lern- und Informationswerkzeuge. Doch was passiert, wenn diese unverzichtbaren Geräte kaputtgehen? Oft landen die Geräte in der Schublade und neue werden gekauft. Die durchschnittliche Nutzungsdauer beträgt gerade einmal drei Jahre.

Natürlich gibt es auch Reparaturbetriebe für Smartphones. Ein Lehrer schloss Smartphones aus seinem Reparaturrepertoire aus, weil er befürchtete, mit ihnen in Konkurrenz zu treten. Er stellte jedoch fest, dass seine Schüler*innen, die im Reparieren von Elektrogeräten gut geschult waren, sich die Reparatur von Smartphones selbst beibrachten. Ein Schüler berichtete (zur Überraschung seines Lehrers): »Ein Mitschüler kam zu mir, weil sein Display kaputt war und er sich kein neues Handy leisten konnte. Dann haben wir das zusammen gemacht. Das habe ich [...] schon ein-

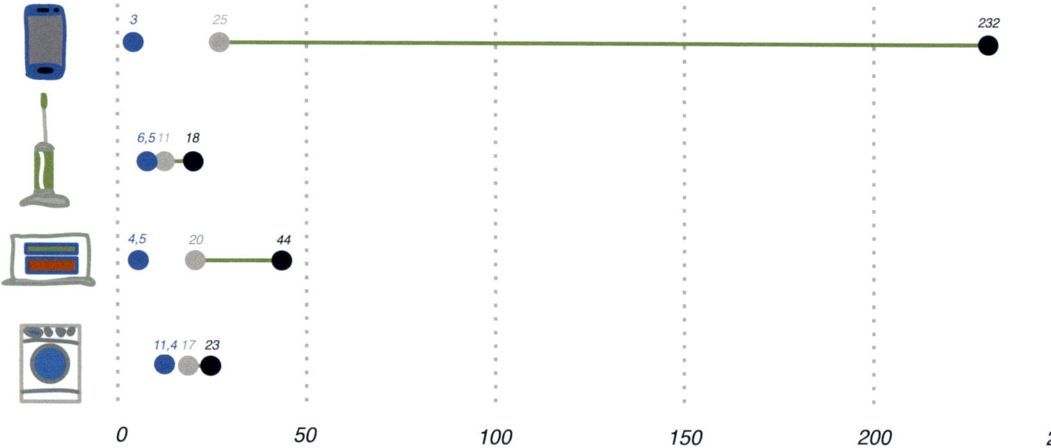

mal gemacht, da habe ich bei einem ähnlichen Smartphone den Akku gewechselt. Vom Aufbau her waren die gar nicht so unterschiedlich.« Möglich wird dies durch detaillierte Schritt-für-Schritt-Beschreibungen auf Plattformen wie kaputt.de oder iFixit.com. Die meisten sind auch auf Deutsch verfügbar, wobei es sich lohnt, die oft englischsprachigen Kommentare der Nutzer*innen zu den einzelnen Schritten zu beachten.

Auch wenn die Aneignung von einer Smartphone-Reparatur durch den eigenen Antrieb der Schüler*innen eine großartige Erfolgsgeschichte ist, soll hier kein Missverständnis entstehen: Das Lernziel ist nicht, die Schüler*innen zu Fachkräften für Smartphone-Reparaturen auszubilden. Aber wenn man bedenkt, dass 85 Prozent der Kinder und Jugendlichen in Deutschland zwischen 6 und 15 Jahren ein Smartphone besitzen, und davon ausgeht, dass dieses im Vergleich zu anderen Besitztümern eine besondere Aufmerksamkeit der Schüler*innen genießt, wäre es schade, die Chance zu verpassen, das Smartphone als Zugangsthema für die Reparaturbildung zu nutzen.

REPARIERBARKEIT BEWERTEN

Um zu entscheiden, ob ein Smartphone im Unterricht repariert werden kann/sollte, kann der Reparierbarkeitsindex von iFixit helfen. Bei einem Index von 2 von 10 möglichen Punkten ist Scheitern vorprogrammiert. Ab 6 von 10 Punkten hat man eine gute Chance. Der Erläuterungstext kann Aufschluss darüber geben, welche Reparaturen leichter und welche schwerer gelingen.

Bewertet wird mit dem Index,

- wie gut sich das Gerät öffnen lässt,
- wie einzelne Komponenten befestigt sind (»Proprietäre Schrauben oder Kleber? Bäh! Kreuzschlitzschrauben? Besser!«),
- ob viele Funktionen in einem Bauteil vereint sind oder ob sich einzelne Module unabhängig voneinander austauschen lassen

- und vielleicht sogar nachgerüstet werden können.

Um die perfekte 10 zu erreichen, muss das Gerät auch über ein kostenloses, öffentlich verfügbares Servicehandbuch des Herstellers verfügen.

Was das in einzelnen Beschreibungen bedeutet, erschließt sich am besten, wenn man verschiednene Smartphone-Modelle tatsächlich öffnet und die eigene Erfahrung mit dem Index abgleicht.

Ein zufällig ausgewähltes Handy mit Reparierbarkeitsindex 7 weist laut Reparierbarkeitsindex von iFixit folgende Vor- und Nachteile auf:

- 👍 »Der Akku ist direkt erreichbar. Ihn zu entfernen, benötigt zwar besondere Werkzeuge und das Wissen, wie sich der Kleber entfernen lässt, aber es ist nicht schwierig.«
- 👍 »Der bewegungsfreie Home-Button eliminiert einen häufigen Fehlergrund.«
- 👎 »Durch das Verwenden der Tri-Point-Schrauben benötigen manche Reparaturen bis zu vier unterschiedliche Schraubendreher.«

Eine mögliche Lernerfahrung aus dieser Übung ist, die potenzielle Reparierbarkeit als Kriterium bei der Auswahl eines Smartphone-Modells zu berücksichtigen. Übrigens: Ein gut zu öffendes Smartphone mit modularen, zugänglich verbauten Bauteilen spart auch ordentlich Geld bei der Reparatur im Fachgeschäft.

HARDWARE ENTDECKEN

Schraubverbindungen, Klebeverbindungen und Kabelverbindungen erwarten Schüler*innen im Smartphone. Wie man die unterschiedlichen Kabelverbindungen identifiziert, löst und wieder verbindet, zeigt die **Anleitung zum Erkennen und Trennen von Kabelverbindern** von iFixit. Eine Leh-

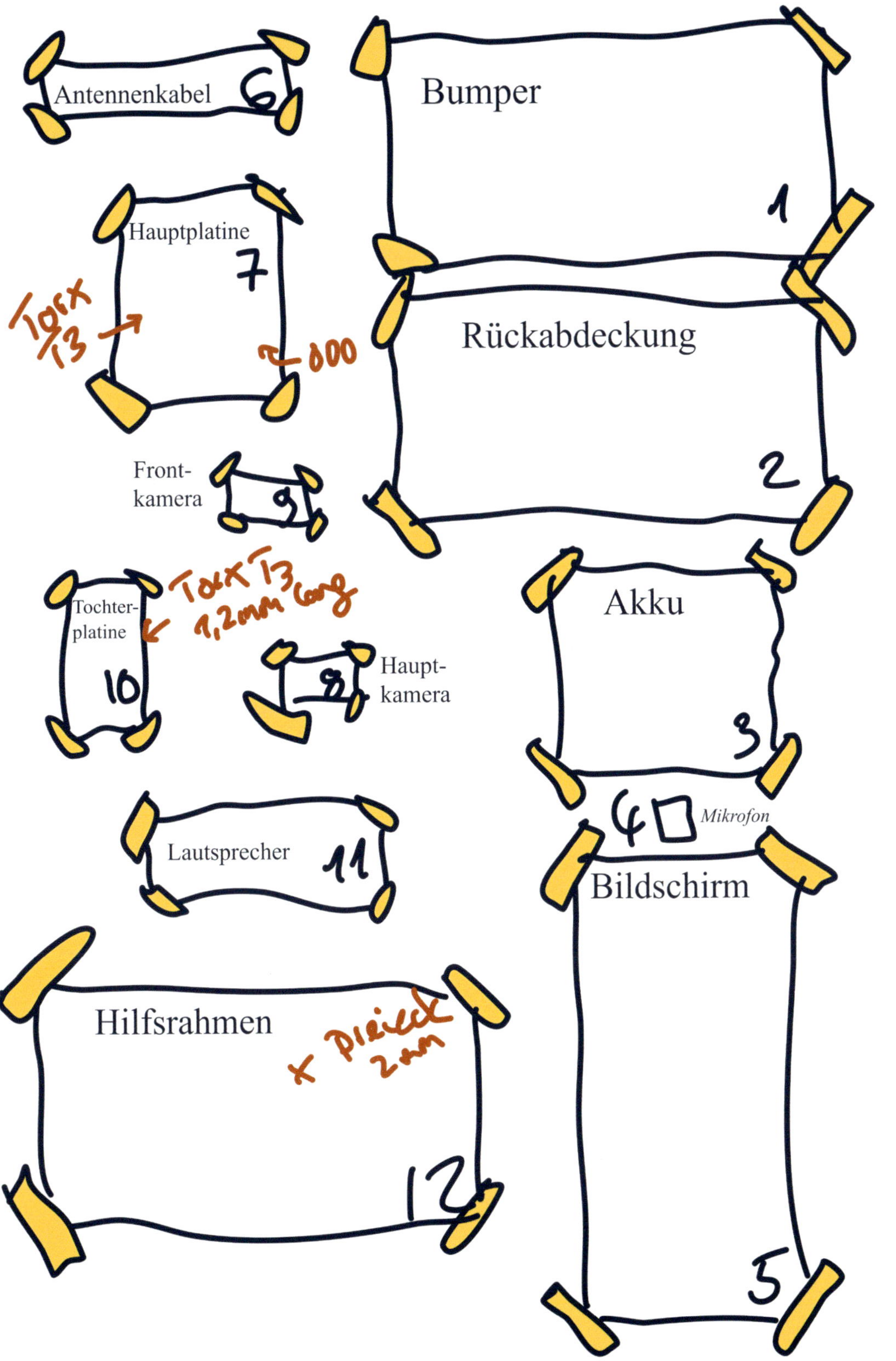

Antennenkabel 6
Bumper 1
Hauptplatine 7
Torx 13
Rückabdeckung 2
Front-
kamera 9
Torx T3
1,2mm lang
Tochter-
platine 10
Haupt-
kamera 8
Akku 3
4 Mikrofon
Lautsprecher 11
Bildschirm 5
Hilfsrahmen 12

rende berichtet nach einer Einführung zu diesem Thema, bei der die Schüler*innen ein Shiftphone demontierten und montierten, dass diese nun mit »Feuer und Flamme« jedes Gerät auseinandernehmen und untersuchen würden, das sie zur Verfügung gestellt bekommen: »Die Kinder sind super stolz, wenn sie die Verbindungen wiedererkennen und verbinden können.«

Das Auseinandernehmen und Zusammenbauen eines Smartphones, in Fachkreisen oft »Teardown« genannt, lässt sich auch gut mit Übungen zur Identifikation von Bauteilen verbinden. Damit nichts verloren geht und der Zusammenbau leichter fällt, empfiehlt es sich, ein DIN-A3-Plakat anzufertigen, auf dem jedes ausgebaute Teil nacheinander platziert wird (entwickelt von Christoph Wolter, IBBF). Jedes Teil wird eingerahmt und mit dem Namen und der Reihenfolge, in der es ausgebaut wurde, beschriftet. Zur Identifizierung der Bauteile eignet sich eine Übersicht der elektronischen Bauteile von iFixit oder die jeweilige Anleitung, nach der gearbeitet wird.

TREFFENDE SELBSTEINSCHÄTZUNG

Gerade im Hinblick auf das hohe finanzielle Risiko bei der Zerstörung eines Smartphones ist es sinnvoll, die Schüler*innen in einem sicheren Kontext die Erfahrung machen zu lassen, was sie sich selbst zutrauen können und was nicht.

Smartphone-Leichen eignen sich für erste feinmotorische Übungen. Leider geben sie keine Rückmeldung darüber, ob bei der Übung eventuell Teile verletzt wurden. Die Schüler*innen bekommen ein Gefühl dafür, wie es ist, mit so winzigen Schrauben und Bauteilen umzugehen, müssen aber ermahnt werden, dass diese Erfahrung nicht ausreicht, um das eigene Smartphone zu Hause zu reparieren. Das Üben mit Smartphone-Leichen kann auch die Motivation für das Reparieren verschwinden lassen: »Da sieht man mal, wie winzig diese Schräubchen sind. Also ich glaube, dass ich da nicht so richtig Bock drauf habe, mit diesen winzigen Sachen zu arbeiten.« In diesem Fall bietet sich eine gemeinsame Recherche nach lokalen Handyreparaturläden und Repair-Cafés an, um die eigenen Handlungsmöglichkeiten im Falle eines kaputten Smartphones auszuloten.

REPARATUREN

Schmartphones kann man meistens nur reparieren, indem man herausfindet, welches Bauteil beschädigt ist, und dieses austauscht, also durch Reparaturen des Typs 4 »Teile ersetzen« der Elektronikreparatur. Ein Lehrender sagt: »Das läuft immer bis zu dem Punkt, wo man sagt, es sind triviale Fehler: Akku kaputt, Kabelbruch oder Display-Scharniere locker. So Standardgeschichten.«

Die häufigsten Schäden sind Display-Schäden und ein nicht mehr leistungsfähiger Akku. Wenn ein Smartphone nicht mehr angeht und keine »Produkthistorie« vorliegt, man also nicht weiß, ob der Akku schon seit Längerem geschwächelt hat, oder der Ein-Aus-Schalter seit Langem unzuverlässig funktioniert hat, ist die Fehlersuche sehr schwer im Schulkontext umzusetzen.

RISIKEN UND FINANZIERUNG

Früher oder später geschieht es, wenn Sie Smartphones öffnen: Ein Smartphone wird »kaputt«-repariert. Eine Lehrende berichtet: »Ja, wir haben ja die Handys auch so aus der Schulfamilie erbeten. Und ausgerechnet mein [Fach-]Kollege hat mir eines gegeben, da hatte er versucht, den Akku auszuwechseln und es war ihm icht gelungen. Dann habe ich noch einen neuen Akku bestellt, damit der Akku auf jeden Fall funktioniert. Und dann haben wir den Akku ausgewechselt und das Handy wieder zugeschraubt. Dann hat sich rausgestellt, dass der Akku zwar geht, aber der Bildschirm jetzt kaputt ist und ich weiß jetzt auch nicht mit letzter Gewissheit, wann dieser Bildschirm kaputtgegangen ist, ob der schon kaputt war, ob der in dem Handling […]. Also das war so ein bisschen peinlich. Andererseits: Der Kollege hat's mit Fassung getragen. Es war ja schon zu Zeiten nicht funktionsfähig, als er uns das gegeben hat.«

TIPP: Vor dem Reparieren Hände waschen nicht vergessen!

In diesem Fall wurde das Ersatzteil nicht vom Gerätebesitzer finanziert und der Verlust war verkraftbar. Dies ist jedoch nicht immer der

Fall. Smartphones und Ersatzteile sind teuer! Hier gilt es, die Erwartungen von Gerätespender*innen im Vorfeld zu managen: Ist das Risiko tragbar?

Lehrende können aber auch nach Alternativen zu Spender*innen aus der Schulfamilie suchen. Können Sammelboxen an verschiedenen Orten in der Stadt aufgestellt werden, um Smartphone-Leichen zu sammeln? Ist ein E-Waste-Race eine gute Möglichkeit, um an Geräte zu kommen? Gibt es Stiftungen oder Förderungen, die Ersatzteile finanzieren können? Beliebt sind auch Tablets, die für den Schulgebrauch angeschafft wurden und wegen eines Defekts aussortiert werden.

BERÜHRUNGSÄNGSTE

In einer Schule wurden zwei defekte Tablets aussortiert und durch Ersatzteile und Werkzeuge von einer lokalen Stiftung ersetzt. Obwohl die Schüler*innen von den Ressourcen wussten, haben sie gezögert, sie zu nutzen. Der Lehrer, der selbst wenig Erfahrung in der Tablet-Reparatur hat, erklärt, dass die Geräte noch in der Warteschleife stehen, da er sich noch nicht ausreichend damit auseinandergesetzt hat. Dies könnte auf eine gewisse Scheu vor dem Thema hinweisen. Ein anderer Lehrer betonte, dass seine Schüler*innen ohne erhebliche Hilfe nicht in der Lage gewesen wären, die englischsprachigen Kommentare zur Anleitungen auf iFixit zu verstehen, die für die Reparatur sehr wertvoll waren. Nach einem Workshop, der darauf abzielte, Lehrer*innen für die Reparatur von Smartphones mit Schüler*innen zu begeistern, äußerte eine Lehrerin die Bereitschaft, Schüler*innen für derartige Workshops zur Verfügung zu stellen, wenn entsprechende technische Unterstützung dabei ist.

Mehr als nur ein Fallbeispiel zeigt, dass eine wertvolle Erfahrung möglich ist, wenn fachliche Unterstützung hinzugezogen wird. Eine Lehrerin berichtet von ihrer Erfahrung: Sie fand es herausfordernd, da sie sich nicht mit den verschiedenen Handy-Typen auskannte, da die Modellbezeichnungen nicht auf jedem Handy deutlich sichtbar waren. Sie konnte aber die Google-Bildersuche verwenden, um die Modelle zu identifizieren. Als die Ersatzteile schließlich eintrafen, passten fünf von sechs Teilen und ein Helfer konnte sie fachgerecht und weitgehend korrekt einbauen. Die Schüler*innen konnten den Prozess miterleben und notieren, was eine positive Erfahrung war. »Der Helfer hatte auch sein eigenes Zeug noch dabei, so kleine Schrauben, Schubladen und eine magnetische Arbeitsplatte und so. Das fanden die Teenies halt auch super.«

ARBEITSSCHUTZ

Nur die Akkus der Geräte stellen ein arbeitsschutzrelevantes Risiko dar. Ein überschaubares Risiko: Bei einer Entladung des Akkus auf unter 25 Prozent ist nicht genügend Energie gespeichert für einen Brand.

Ein griffbereiter Topf mit Deckel, ein Metalleimer mit Sand oder Ähnliches schafft weitere Sicherheit. Sorgen Sie dafür, dass Sie schnell und einfach ins Freie gelangen können, wo die Reaktion der Batterie gefahrlos ablaufen kann.

Eine Beschädigung der Batterie erkennt man daran, dass sie sich aufbläht, warm wird oder auffällig riecht: In diesem Fall die Batterie in den Behälter legen und nach draußen bringen.

WERKZEUG

Werkzeugsets für die Smartphone-Reparatur gibt es für 14 bis 100 Euro. Relativ klar: Je mehr Bits und verschiedene Plastikhebel enthalten sind, desto mehr Reparaturen kann man durchführen. Der Schraubendreher sollte auf jeden Fall magnetisch sein, damit die winzigen Schrauben nicht verloren gehen. Aus dem gleichen Grund nennen die Schüler*innen einer Gruppe eine magnetische Unterlage als ihr Lieblingswerkzeug. Sie dient auch dazu, Schrauben so zu beschriften, dass sie im Anschluss an der richtigen Stelle wieder eingesetzt werden können. Eine Gruppe nennt die Heizplatte als Lieblingswerkzeug, mit der sie auch verklebte Geräte gut öffnen können. In vielen Werkstätten gibt es Heißluftföns, mit denen die

Temperaturregelung aber schwieriger ist.

Einige benutzen Handgelenkbänder, welche empfindliche Bauteile vor elektrostatischer Aufladung schützen sollen. Gegen die elektrostatische Aufladung des eigenen Körpers hilft es aber auch, Gummischuhe auszuziehen und sich dann am Metallteil einer Heizung zu erden. Vorsicht! Das Berühren des lackierten Teils des Heizkörpers hilft nicht.

ZUM WEITERLESEN

Reparierbarkeitsindex	https://de.ifixit.com/smartphone-repairability
Anleitungen	https://de.ifixit.com/Anleitung https://www.kaputt.de/
Sicherheitshinweise Akku	https://de.ifixit.com/News/69817/wie-smartphone-akkus-feuer-fangen-und-wie-man-das-verhindert
Übersicht Kabelverbindungen	https://de.ifixit.com/Anleitung/Erkennen+und+Trennen+von+Kabelverbindern/25629

SICHERHEIT

Bei der Vorbereitung eines Reparaturprojekts stellt sich sicherlich die Frage, ob besondere Sicherheitsvorkehrungen getroffen werden müssen. Dies hängt natürlich von der Art des Reparaturprojekts ab. Dieses Kapitel bietet einige Denkanstöße und weiterführende Links. Es stellt jedoch keine Rechtsberatung dar und es kann keine Gewähr für die Richtigkeit und Vollständigkeit der Informationen übernommen werden.

In jeder Situation lohnt es sich, darüber nachzudenken, wo man sich selbst auf einer Skala von »ängstlich« oder »unsicher« bis »leichtsinnig« oder »fahrlässig« einordnen würde. Patentantworten zum Thema Sicherheit gibt es nicht, da eine Einordnung von den Kompetenzen der Lehrenden, der Schüler*innen und vom Lehrsetting abhängt.

ängstlich *unsicher* *behutsam* *mutig* *leichtsinnig* *fahrlässig*

ARBEITSSICHERHEIT

Die Richtlinie zur Sicherheit im Unterricht (RiSU) ist die Empfehlung der KMK zu diesem Thema. Ob sie als Vorgabe für die Schulen übernommen wurde, hängt vom Bundesland ab. Auch wenn das Angebot in einer anderen Einrichtung als einer Schule stattfindet, kann die RiSU als Orientierung dienen. Konkrete Informationen zur Reparatur von Gegenständen gibt es hier allerdings nicht. Allerdings können von Reparaturgegenständen Gefährdungen ausgehen, die bei der Gestaltung eines pädagogischen Angebots zu berücksichtigen sind. Be-

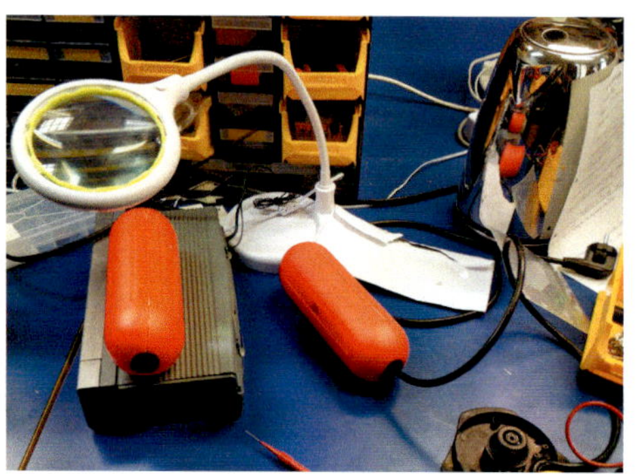

sonderheiten zur Arbeitssicherheit bei der Reparatur von 230-V-Geräten sind im entsprechenden Kapitel zu finden.

Beim Arbeiten mit **kleinen, akkubetriebenen Geräten wie Smartphones** braucht man keine Sonderausbildung. Sicherheit schafft ein Entladen des Akkus auf unter 25 Prozent. Es lohnt sich, einen Kochtopf bereitzustellen. Achten Sie darauf, sorgsam mit den Akkus umzugehen. Werden sie zu stark gebogen oder gar eingeschnitten, kann eine Membran Schaden nehmen und die Akkus können wegen des Kurzschlusses heiß werden. Falls viele Membranen verletzt werden, können sie auch Feuer fangen. Das ist aber sehr unwahrscheinlich. Im Falle eines Brandes sollte Ruhe bewahrt, das Gerät in einen Behälter gelegt, der Deckel verschlossen und das Gerät dann nach draußen gebracht werden. Mehr Vorsicht ist bei

Akkus mit mehr Kapazität geboten. Während Laptops in der Regel kein Problem sind, wurden in iPads zwei sehr starke Akkus eingebaut.

HAFTUNG

Generell ist man nur haftbar zu machen, wenn man bewusst fahrlässig gehandelt hat. Zum Beispiel darf man kein von Schüler*innen repariertes Produkt als »professionell überarbeitetes Produkt« verkaufen und so mögliche Mängel verschleiern.

Wenn bei Reparaturen mit Schüler*innen fahrlässig gehandelt wird

und jemand in der Folge zu Schaden kommt, muss die Organisation (Verein/Schule) oder die verantwortliche Person Haftung übernehmen. Das ist für einige wenige Schulleitungen genug Grund, das Reparieren von vornherein zu verbieten. Es ist schade, wenn man sich durch ein potenzielles Risiko tolle Möglichkeiten verbaut. Hier drei Argumente, die eine Schulleitung im Zweifelsfall überzeugen können:

- Es werden nur Reparaturen durchgeführt, bei denen sich alle Beteiligten sicher fühlen, und bei Unsicherheiten wird externe Expertise hinzugezogen.

- Beim Verbund offener Werkstätten kann eine Haftpflichtversicherung für knapp 100 Euro abgeschlossen werden, über die bereits zahlreiche Reparaturinitiativen und einige Schulen versichert sind. In den letzten 7 Jahren gab es keine Schadensfälle wie Brände oder Personenschäden aufgrund fehlerhafter Reparaturen für diese Versicherung. Viele Landesregierungen bieten ebenfalls Versicherungsoptionen an.

- Personen, die Reparaturgegenstände mitbringen, müssen eine entsprechende Haftungsbegrenzung unterschreiben. Vorlagen gibt es beim Netzwerk Reparaturinitiativen.

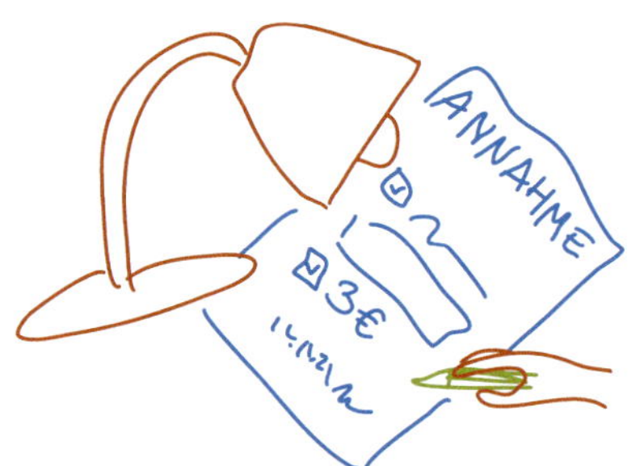

Bitte zuerst das Formular ausfüllen.

Ein Sonderfall dieser Regelung ist die Reparatur von Gegenständen, die in der Schule verwendet werden, wie zum Beispiel Overhead-Projektoren. Hier muss der Sicherheits- und Gesundheitsschutz von Schüler*innen gewährleistet sein. Dazu ist eine Geräteprüfung nach DIN VDE 0701-0702 erforderlich. Die Kommunen beauftragen dafür in der Regel externe Firmen. Die Personen, die diese Firmen beauftragen, werden aber auch mit allen defekten Gegenständen der Schule konfrontiert – und freuen sich vielleicht über ein neues Projekt. Gemeinsam lässt sich sicher eine gute Lösung finden.

ANWENDUNG DES ERLERNTEN

Ein Beispiel: Die Räder eines Skateboards werden im Unterricht gewechselt. Die Lehrkraft zieht die Schrauben nochmals ordnungsgemäß fest, um potenzielle Risiken zu minimieren. Der*Die Schüler*in ist erfreut über die erfolgreiche Reparatur. Zu Hause versucht er*sie, die Räder am Skateboard seines*ihres Bruders zu wechseln. Kurze Zeit später verliert er während der Fahrt ein Rad, weil sich die Schraube gelöst hat. Dem*der Schüler*in war nicht bewusst, dass er*sie die Schraube nicht ausreichend festgezogen hatte. Glücklicherweise ist nichts Ernsthaftes passiert. Bei Reparaturen an Fahrzeugen können jedoch lebensgefährliche Situationen entstehen, wenn die Reparaturen im Straßenverkehr versagen. Beim Reparieren von Smartphones entstehen in der Regel nur finanzielle Verluste, aber dennoch ist es ärgerlich, wenn die eigenen Fähigkeiten nicht richtig eingeschätzt werden können.

Nicht nur die Elektroreparatur mit Netzspannung birgt Risiken. Es ist wichtig, sicherzustellen, dass nicht nur Sie, sondern auch die Schüler*innen, denen Sie eine Reparaturmethode beigebracht haben, in der Lage sind, die Sicherheitsaspekte richtig zu beurteilen. Die Selbsteinschätzung der eigenen Fähigkeiten kann trainiert werden. Lassen Sie Schüler*innen sich regelmäßig selbst einschätzen und geben Sie im Anschluss Feedback zu ihren Bewertungen. Stellen Sie auch sicher, dass regelmäßig Gespräche darüber geführt werden, welche Reparaturen eigenständig durchgeführt werden dürfen und wann Eltern oder Fachleute hinzugezogen werden sollten.

LINKS & TIPPS

EIN REPARATURLERNANGEBOT GRÜNDEN

FÖRDERUNG EINES REGELMÄSSIGEN REPARATURANGEBOTS IN BERLIN

- Stiftung Pfefferwerk
  https://stiftung-pfefferwerk.org/foerderung/forderprogramme/

VERNETZUNG UND ANSCHUBFINANZIERUNG

- Veolia Stiftung
  https://www.stiftung.veolia.de/news-listing/
  reparieren-macht-schule-bewerbungen-willkommen

KOSTENLOSE HILFE BEI DER UMSETZUNG VON PRAXISPROJEKTEN AN SCHULEN

- Das macht Schule e. V.
  https://www.das-macht-schule.net/schulreparaturwerkstatt/

BERATUNGSKONTAKTE, SAMMLUNG VIELER PRAXISBERICHTE ZUM REPARIEREN AN SCHULEN

- Anstiftung/Netzwerk Reparaturinitiativen
  https://www.reparatur-initiativen.de/seite/schule-co

AUSFÜHRLICHER PRAXISLEITFADEN »REPARIEREN AN SCHULE«, MÜNCHEN

- Walter Kraus, Claudia Munz
  https://www.schueler-reparaturwerkstatt.de/

SICHERHEIT UND HAFTUNG

- Anstiftung/Netzwerk Reparaturinitiativen
  https://www.reparatur-initiativen.de/seite/sicherheit-haftung

UNTERRICHTSMATERIAL RUND UM REPARATUR

STATIONEN MIT VERSCHIEDENEN REPARATURÜBUNGEN UND FAHRRADREPARATUR

- Technikmuseum Berlin, Reparaturausstellung
  https://technikmuseum.berlin/assets/Technikmuseum/Download/Bildung/technikmuseum-reparieren-workshops-handreichung.pdf

ELEKTROALTGERÄTE: ABFALL ODER GOLDGRUBE?

- BMUV
  https://www.umwelt-im-unterricht.de/wochenthemen/elektroaltgeraete-abfall-oder-goldmine/

PLANUNG VON UNTERRICHTSEINHEITEN FÜR DEN TECHNIKUNTERRICHT

- Universität Oldenburg
  http://retibne.de/materialien

INFORMATIONEN FÜR LEHRENDE UND ARBEITSBLÄTTER ZU ELEKTROGERÄTEN, TEXTILIEN UND FAHRRÄDERN

- RepaNet Östereich
  https://www.repanet.at/letsfixit/module/

SAMMLUNG VON MATERIALIEN AUF ENGLISCHER SPRACHE

- The Culture of Repair Project
  https://www.cultureofrepair.org/ed-resources-classroom-materials

MATERIAL ZU DEKONSTRUKTIONEN UND REKONSTRUKTIONEN VON REPARATUR

REPARATURENTSCHEIDUNGEN ÖKOLOGISCH, ÖKONOMISCH UND SOZIAL ABWÄGEN

- GUA – Gesellschaft für umfassende Analysen (Österreich)
  https://www.bmk.gv.at/dam/jcr:1fd62f91-3794-45de-916b-e3584e5a7978/Studie_Reparieren_GUA_Kurzfassung.pdf

REPARATURMANIFEST

- iFixit/Platform 21
  https://de.ifixit.com/Manifesto oder https://1000manifestos.com/platform-21-repair-manifesto/

HANDY-ROHSTOFF-KOFFER

- EPiZ – Entwicklungspädagogisches Informationszentrum
  https://www.epiz.de/de/lernkisten/details/00-handy-rohstoff-klassensatz/

GLOBALES LERNEN

- INKOTA-netzwerk e. V.
  https://webshop.inkota.de/?f%5B0%5D=field_pd_type%3A213

WEITERFÜHRENDE LITERATUR

Ellen MacArthur Foundation (2023): The Butterfly Diagram Visualising the Circular Economy. Abgerufen am 26.06.2023: https://ellenmacarthurfoundation.org/circular-economy-diagram.

Hauk, D. & Gröschner, A. (2022): How effective is learner-controlled instruction under classroom conditions? A systematic review. Learning and Motivation, 80, 101850. https://doi.org/10.1016/j.lmot.2022.101850.

Hielscher, S. & Jaeger-Erben, M. (2021): From quick fixes to repair projects: Insights from a citizen science project. Journal of Cleaner Production, 278, 123875. https://doi.org/10.1016/j.jclepro.2020.123875.

Hipp, T., Jaeger-Erben, M. & Frick, V. (2021): Nutzungsdauern elektronischer Geräte zwischen Anspruch und Wirklichkeit – Ergebnisse einer Repräsentativerhebung zu lebensdauerrelevanten sozialen Praktiken von Nutzer*innen in Deutschland. OHA-Papers 1/2021. https://langlebetechnik.de/publikationen/nutzungsdauern-elektronischer-geraete-zwischen-anspruch-und-wirklichkeit-ergebnisse-einer-repraesentativerhebung-zu-lebensdauerrelevanten-sozialen-praktiken-von-nutzer-innen-in-deutschland.html.

Jaeger-Erben, M. & Hielscher, S. (2022): Verhältnisse reparieren. Transcript Verlag, Bielefeld. https://www.transcript-verlag.de/media/pdf/0c/0b/df/oa9783839456989.pdf.

Matthes, N., Schmidt, K., Kybart, M. & Spangenberger, P. (2021): Trainieren der Fehlerdiagnosekompetenz in der Ausbildung. Qualitative Studie mit Lehrenden im Bereich Metall- und Elektrotechnik. Journal of Technical Education (JOTED), 9(1), S. 31–53.

Reich, K. (2005): Konstruktivistische Didaktik – Das Lehr- und Studienbuch mit Online-Methodenpool. Beltz, Weinheim und Basel.

Röben, P., Dutz, K. & Wegner, H. (2019): Reparatur in der Bildung für nachhaltige Entwicklung. Tagungsband der RETIBNE-Abschlusstagung. http://oops.uni-oldenburg.de/4027/1/retibne_tagungsband_online_r.pdf.

Runder Tisch Reparatur e. V. (2023): Wert der Reparatur. Blogbeiträge zu finden auf https://wert-der-reparatur.runder-tisch-reparatur.de/.

Singer-Brodowski, M. (2022): The potential of transformative learning for sustainability transitions: Moving beyond formal learning environments. Environment, Development and Sustainability. https://doi.org/10.1007/s10668-022-02444-x.

Statistisches Bundesamt (2016): Zeitverwendungserhebung – Aktivitäten in Stunden und Minuten für ausgewählte Personengruppen 2012/2013. Abgerufen am 26.06.2023: https://www.destatis.de/DE/Themen/Gesellschaft-Umwelt/Einkommen-Konsum-Lebensbedingungen/Zeitverwendung/_inhalt.html#138666.

Terzioğlu, N. (2021): Repair motivation and barriers model: Investigating user perspectives related to product repair towards a circular economy. Journal of Cleaner Production, 289, 125644. https://doi.org/10.1016/j.jclepro.2020.125644.

Wisniewski, B., Zierer K. & Hattie J. (2020): The Power of Feedback Revisited: A Meta-Analysis of Educational Feedback Research. Front. Psychol., 10, 3087. https://doi.org/10.3389/fpsyg.2019.03087.

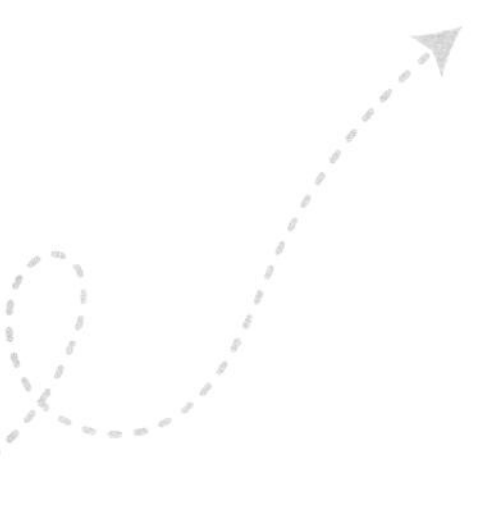

ABBILDUNGSVERZEICHNIS

Logo BMUV
➤ Bundesministerium für Umwelt, Naturschutz, nukleare Sicherheit und Verbraucherschutz (BMUV) 5

Frauen, die ein Fahrrad reparieren, Jahr 1895
➤ http://arc.lib.montana.edu/msu-photos/item/135, CC BY-SA 3.0, via Wikimedia Commons 8

Unterschiede zwischen Ost und West in den Erfahrungen mit Reparatur
➤ Eigene Abbildung nach Hipp et al. 2021, S. 31 9

Wortwolke reparieren
➤ Eigene Abbildung 10

Kisten mit kaputten Gegenständen
➤ Forschungstagebuch Lotta, Teilnehmende am Realexperiment 12

Eigenarbeit im Mehrfamilienhaus
➤ Julia Kluge, Abbildungsrechte liegen bei der Illustratorin 13

Zirkuläre Wirtschaft
➤ Eigene Darstellung auf Basis der Ellen MacArthur Foundation 15

Gemeinsames Kümmern um Reparaturgegenstand
➤ Julia Kluge, Abbildungsrechte liegen bei der Illustratorin 22

Kollektive Selbstwirksamkeit
➤ Julia Kluge, Abbildungsrechte liegen bei der Illustratorin 23

Die intuitive Phase der Reparatur
➤ Janina Klose, CC BY-SA 28

Routinereparatur
➤ Janina Klose, CC BY-SA 29

Hypothesenbildung
➤ Janina Klose, CC BY-SA 29

Recherche
➤ Janina Klose, CC BY-SA 30

Unterstützung suchen
➤ Janina Klose, CC BY-SA 31

Reparatur nicht sinnvoll
➤ Janina Klose, CC BY-SA 31

Reparaturversuch
➤ Janina Klose, CC BY-SA 32

Fotodokumentation des Fortschritts einer Telefonreparatur
➤ Janina Klose, CC BY-SA 32

Test
➤ Janina Klose, CC BY-SA 32

Heile
➤ Janina Klose, CC BY-SA 33

Die vollständige Handlung der Reparatur
➤ Janina Klose, CC BY-SA 34

Überall steckt Reparieren drin
➤ Janina Klose, CC BY-SA 36

Sicherheitsnadeln
➤ Janina Klose, CC BY-SA 37

Werkstattwagen
➤ Janina Klose, CC BY-SA 41

Kekse
➤ Janina Klose, CC BY-SA 44

Technische Durchdringung
➤ Janina Klose, CC BY-SA 46

Lehrpersonorientiert
➤ Janina Klose, CC BY-SA 47

Systematisch vs. flexibel
➤ Janina Klose, CC BY-SA 49

Schüler*innenorientiert
➤ Janina Klose, CC BY-SA 50

Sozialintegrativ orientiert
➤ Janina Klose, CC BY-SA 52

Falsches Ersatzteil
➤ Janina Klose, CC BY-SA 54

Matrix Lehransätze
➤ Janina Klose, CC BY-SA 55

Fahrradpeitsche
➤ Janina Klose, CC BY-SA 60

Was findet sich?
➤ Janina Klose, CC BY-SA 63

Schutzhüllen für Verlängerungskabel im Außenbereich als Netzsteckerschutz für 230-V-Reparaturen
➤ Janina Klose, CC BY-SA 73, 83

Prüfstation
➤ Janina Klose, CC BY-SA 73

Wasserkocher
➤ Janina Klose, CC BY-SA 74

Wie lange sollten Produkte aus einer Klima-Perspektive halten?
➤ Eigene Abbildung entsprechend des Berichts »EEB (2019): Coolproducts don't cost the Earth – full report«, zu finden unter https://eeb.org/library/coolproducts-report/. 78

DIN-A3-Plakat für Bauteile Smartphone
➤ Janina Klose nach Wolter, C. (2022). Ziele für nachhaltige Entwicklung und deren Konflikte in der Lehre für die digital vernetzte Mobilitätswende. In Systemwissen für die vernetzte Energie- und Mobilitätswende (pp. 220-242). Abbildung 8. https://ibbf.berlin/assets/images/Dokumente/220627_IBBF_Kompendium_2022_WEB_final%20(1).pdf 81

Ängstlich bis fahrlässig
➤ Janina Klose, CC BY-SA 88

Smartphone nach Akkubrand
➤ Quelle: https://de.ifixit.com/News/69817/wie-smartphone-akkus-feuer-fangen-und-wie-man-das-verhindert, Creative Commons BY-NC-SA 3.0 89

Formular ausfüllen
➤ Janina Klose, CC BY-SA 90